物联网
场景设计与开发（初级）

海尔教育◎编著

人民邮电出版社

北　京

图书在版编目（CIP）数据

物联网场景设计与开发：初级 / 海尔教育编著. --
北京：人民邮电出版社，2021.8
ISBN 978-7-115-56693-5

Ⅰ. ①物… Ⅱ. ①海… Ⅲ. ①物联网—程序设计
Ⅳ. ①TP393.4②TP18

中国版本图书馆CIP数据核字(2021)第106567号

内 容 提 要

本书详细介绍了物联网概述、物联网通用技术、物联网场景与应用实例、物联网场景故障诊断思路、物联网场景服务流程与规范、物联网智慧家庭产品与方案销售、物联网场景部署的技术规范。

本书为物联网场景设计与开发"1+X"职业技能等级证书配套教材，可以作为中职中专和高职高专院校物联网应用技术专业、计算机和自动化相关专业教材，也可以作为其他相关专业选修课教材，还可以供对物联网感兴趣的读者参考阅读。

◆ 编　　著　海尔教育
责任编辑　赵　娟
责任印制　陈　犇

◆ 人民邮电出版社出版发行　　北京市丰台区成寿寺路 11 号
邮编　100164　电子邮件　315@ptpress.com.cn
网址　https://www.ptpress.com.cn
临西县阅读时光印刷有限公司印刷

◆ 开本：787×1092　1/16
印张：11.25　　　　　　　　　　2021 年 8 月第 1 版
字数：211 千字　　　　　　　　2021 年 8 月河北第 1 次印刷

定价：79.80 元

读者服务热线：(010)81055493　印装质量热线：(010)81055316
反盗版热线：(010)81055315
广告经营许可证：京东市监广登字 20170147 号

编　委　会

新一代信息技术作为我国战略性新兴产业之一，对政治、经济、社会发展等诸多领域产生了重大而深远的影响。物联网作为新一代信息技术的重要组成部分，推动了传统产业的转型升级，使主动加入变革中的企业规模迅速扩大。

目前，物联网技术发展逐渐成熟，物联网智能化产品、智能化场景逐渐走进我们的生活。物联网可以将智慧家庭、智慧园区、智慧酒店和智慧教育等场景中的智能设备连接起来，使它们进行信息感知和协同交互，而且具备自学习、自处理、自决策和自控制能力，从而完成智能化运行。

物联网产业规模增长和物联网技术迅速发展对物联网专业人才质量提出了较高的要求，物联网技术技能型人才缺口巨大。因此，大中专院校应该积极应对物联网技术的发展，加速培养对口的人才。

近年来，国家为适应新一轮科技革命和产业变革，大力发展职业教育，优化专业设置、推动新工科建设与发展，促进人才培养与产业发展紧密对接。正是在这样的背景下，本书编委会根据海尔智家公司在物联网产业多年积累的行业经验，对行业、企业用人需求和物联网工程师能力要求进行全面分析，配合"物联网场景设计与开发"职业技能等级标准，编写了这本高质量的教材。

本书涵盖了在物联网智慧家庭、智慧园区、智慧酒店和智慧教育等场景中初级工程师所需要具备的岗位技能，深入浅出地讲解了相关知识和实操技能。书中导言概括讲解了物联网的定义、诞生背景、应用场景等。第 1 章覆盖了物联网常用场景所涉及的技术基础知识，包括传感技术、自识别技术、嵌入式系统、网络技术等几个关键技术。第 2 章从物联网场景与应用的角度，详细讲解了物联网智慧家庭、智慧园区、智慧酒店和智慧教育等场景的特点与应用，让读者对场景的定义和功能有了一个系统和直观的认知。第 3 章讲解了物联网的故障诊断思路，从方法论的角度阐述了故障诊断的相关知识。第 4 章对物联网服务流程和规范要求做了讲解。第 5 章讲述了物联网场景下的销售技巧和流程，让读者掌握相关的销售知识和技能。第 6 章系统地讲述了物联网技术规范知识、常用的相关工具和服务流程中必须掌握的技术规范要点。

    本书是参加"物联网场景设计与开发"职业技能等级初级认证的考生不可或缺的一本教材，同时也是希望学习物联网基础知识的学生和相关从业者不可多得的基础教材。

北京科技大学教授、博士生导师　王志良

2021 年 7 月 1 日

5G、AI、大数据正在改变一切，第四次工业革命席卷全球，物联网时代已经到来。无论时代如何变迁，有一点可以深信不疑：技术变革服务于人，人是驱动变革的决定性力量。

这也就要求我们必须着眼于新一轮的产业革命，以物联网产业发展需求为导向，加快产教融合，培养一大批适应技术进步、生产变革和社会公共服务所需要的技术型、创新型、复合型人才。

2019 年，教育部、国家发展和改革委员会、财政部、国家市场监督管理总局联合印发了《关于在院校实施"学历证书 + 若干职业技能等级证书（1+X）"制度试点方案》，海尔积极参与了第四批试点工作，成功入选了"1+X"证书培训评价组织，并与行业企业、职业院校和行业组织的同人共同制定了"物联网场景设计与开发"职业技能等级标准。这一标准对应的系列教材正式出版，是标准试点工作的重要里程碑，标志着标准试点工作进入了新的阶段。

关于物联网时代的产教融合、人才培养，有两点最为关键。

第一，物联网的本质是人联网。以人联网的思维，用广泛的分布式结构的商业模式去匹配物联网时代的指数增长。

本书从物联网智慧家庭、智慧园区、智慧酒店和智慧教育等场景的初级工程师所需要具备的岗位技能入手，深入浅出地讲解了相关知识和实操技能。作为首个物联网生态品牌，海尔把在物联网行业多年探索形成的经验分享出来，与行业和院校一起，制定国家、行业的相关标准，积极做好产教融合型企业建设工作，身体力行地支持物联网产业职业教育发展。

第二，"赛马不相马"，人人都是人才，人人争当人才。

　　人才不仅靠挖掘，还要靠培养，只要建立一个动态人才培养机制，就可以培养出源源不断的人才，这是海尔集团在人才培养方面践行的标准，也是海尔集团参与"学历证书＋若干职业技能等级证书"制度试点的最大初心。

　　海尔是拥有数万名员工、业务遍及全球 160 多个国家和地区的大型企业集团。随着近几年海尔业务转型，特别是"三翼鸟"生态品牌的发布，海尔从原有的提供单品服务升级为"1+N"家居家装一体化设计与实施服务，服务成了海尔未来业务发展的核心支撑。这对岗位的要求有了质的提升，迫切需要通过院校培养与社会培训，快速提升技术技能人才质量，解决现有的人才缺口问题。

　　本系列教材旨在解决物联网行业人才培养和培训体系化的问题，将被广泛应用于产教融合人才培养和企业培训过程中，成为物联网技术技能型人才培养和培训的专业教材。

　　随着"1+X"证书制度试点工作的不断深入推进，会有越来越多的人关注物联网相关的工作岗位和技术，也希望越来越多的人参与进来，共同推动物联网时代的创新发展。

　　"与其相信未来，不如创造未来。"希望这本教材对有志于从事物联网行业相关工作的朋友们有所帮助。

海尔智家生态平台副总裁、服务总经理

2021 年 7 月 15 日

物联网（Internet of Things，IoT）是继互联网之后全球信息产业的又一次浪潮，是新一代信息技术的重要组成部分，也被认为是下一次世界经济增长的引擎。物联网还与云计算、大数据、移动互联网等技术息息相关，拥有广阔的市场前景。从西方"智慧地球"到我国"感知中国"的提出，物联网为我们展示了生活和工作中的任何场景都可以变得"有感觉、有思想"。

物联网技术逐渐打破了传统的行业壁垒，传统家电、制造、汽车和教育等产业格局发生了深刻的变化。用户不再关注产品本身，而是转为关注智能化场景带来的沉浸式体验。从产品到场景，从场景到生态，用户在使用的过程中，硬件、软件和服务已经有机结合，形成了综合的用户体验。因此，物联网场景的设计和开发，包含了智能化的场景设计、硬件开发、软件开发、运维服务等多种岗位，将技术、产品和场景有机结合起来，形成综合的物联网技术生态。物联网场景的设计和开发互相依托，缺一不可。

海尔智家股份有限公司根据物联网场景设计与应用等级标准的要求，以培养物联网行业技术发展水平对从业人员的能力要求为目标，以培养"职业素养＋职业技能"为核心理念，组织行业专家、企业工程师、职业院校的学术带头人共同开发了本系列教材。本系列教材主要面向物联网场景设计与开发的初级岗位人员，以职业院校物联网、电子、计算机和机电相关专业学生为主要目标读者，用于指导其对物联网产品组件辨识、场景部署实施、系统运维和增值服务相关知识和案例的学习。全书根据"职业素养为基础、工作任务为导向、专业技能为核心"的理念，明确编写依据，确定学习项目和内容，做到集理论和实践于一体，职业技能培训与专业教学互补，将职业素养和工匠精神贯穿在实训中，以培养高素质、高技能的专业人才。

　　编者组织开发团队通过调研行业知名企业的用人需求，详细梳理了物联网场景设计与开发初级岗位的通用类技术基础知识，以及专有岗位技能。本书既从理论上对读者进行了指导，又通过案例教学将知识转化为项目，使读者在"学中做、做中学"，进而对物联网场景设计与开发技术有更系统、更清晰的认识。

　　《物联网场景设计与开发（初级）》内容包括物联网概述、物联网通用技术、物联网场景与应用实例、物联网场景故障诊断思路、物联网场景服务流程与规范、物联网智慧家庭产品与方案销售、物联网场景部署的技术规范等。

　　本书组织单位联合日日顺等企业和多位职业院校专家，成立了教材专家委员会，对本书内容进行了审定。

　　编者水平有限，书中难免存在不足之处，希望广大读者提出宝贵意见。

编者

2021 年 4 月

C 目录
Contents

导言 物联网概述

● **学习要求**

① 了解物联网的概念和发展。

② 了解物联网的应用场景。

③ 了解物联网场景设计与开发的应用范围。

● **本章框架**

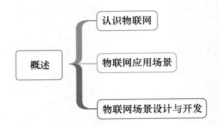

认识物联网

"物联网（Internet of Things，IoT）"一词最早出现在比尔·盖茨于 1995 年创作的《未来之路》一书。在书中，比尔·盖茨提及物联网的概念，并以此设想未来的世界。但当时无线网络、硬件设施及传感设备的发展状况与设想存在较大差距，因此未能引起人们的重视。

1998 年，美国麻省理工学院的一位教授提出了电子产品代码（Electronic Product Code，EPC）开放网络构想。在国际物品编码协会、美国统一代码委员会、宝洁公司、可口可乐、沃尔玛、联邦快递、雀巢、英国电信、飞利浦、IBM 等全球 83 家跨国公司的支持下，开始了这个发展计划。

1999 年，中国科学院启动了传感网（当时在中国，物联网被称为传感网）的研究，并取得了一些科研成果。

2005 年 11 月 17 日，在突尼斯共和国举行的信息社会世界峰会（World Summit on the Information Society，WSIS）上，国际电信联盟（International Telecommunication Union，ITU）发布了《ITU 互联网报告 2005：物联网》，正式提出了"物联网"的概念。该报告指出，无处不在的物联网通信时代即将来临，世界上所有的物体从轮胎到牙刷、从房屋到纸巾都可以通过互联网主动进行交换。射频识别（Radio Frequency Identification，RFID）技术、传感器技术、纳米技术、智能嵌入技术将得到更加广泛的应用。物联网概念的兴起，在很大程度上得益于 2005 年 ITU 这份以物联网为标题的年度互联网报告。然而，ITU 的报告对物联网缺乏一个清晰的定义。

2009 年，物联网被正式列为我国五大新兴战略性产业之一，被写进《政府工作报告》。

2014 年，智能终端知名企业海尔发布 "U+ 智慧生活" 战略，驱动我国物联网快速发展。

2017 年，海尔、小米、华为、阿里巴巴、中国移动、百度等企业将物联网作为各自重要的核心战略。工业与信息化部指出，2017 年物联网进入规模商用元年。

物联网发展阶段如图 1 所示。

图 1　物联网发展阶段

在物联网不断发展的过程中，众多国内外机构与专家达成共识——物联网就是 "物物相连的智能互联网"，它具有 3 个含义。

第一，物联网的核心和基础仍然是互联网，是在互联网基础上延伸和扩展的网络。

第二，物联网的用户端可以延伸和扩展到任何物品与物品之间，进行信息交换和通信。

第三，物联网的网络具有智能属性，可以进行智能控制、自动监测与自动操作。

由此形成了现在公认的定义：物联网是通过射频识别（Radio Frequency Identification，RFID）、红外感应器、全球定位系统、激光扫描器等信息传感设备，按照约定的协议，把任何物品与互联网连接起来，进行信息交换和通信，以实现智能化识别、定位、跟踪、监控和管理的一种网络。

物联网肩负着建设 "数字中国" 的重要使命，2018 年 12 月，中央经济工作会议明确提出，要发挥投资关键作用，加大制造业技术改造和设备更新，加快 5G 商用步伐，加强人工智能、工业互联网、物联网等新型基础设施的建设。根据中国通信工业协会物联网应用分会和世界移动通信大会（Mobile World Congress，MWC）的数据，2013—2018 年，中国物联网行业高速增长，产业规模从 2013 年的 4896.5 亿元增长至 2018 年的 13300 亿元，年复合增长率高达 22.12%。

物联网从提出到发展至今，已经从示范展示与试用阶段发展至应用阶段，在防灾减灾、资源控制与管理、新型能源开发与管理、食品安全与公共卫生、智慧医疗与健康养老、生态环保与节能减排、新型农业技术运用与管理、城市智能化管理、现代物流、国防工业十大领域发挥了至关重要的作用。我国在上述十大领域已经形成涵盖智能电网、智能交通、环境监测、公共安全、智慧家庭、智能医院等 420 多个示范工程项目的物联网目录，并且已经形成相应的试点与样板工程项目，物联网对于全面推进信息化建设、建立国家安全体系、节能减排等发挥了重大作用。根据麦肯锡咨询公司的预测，到 2025 年，物联网对不同行业的年度经济影响额将高达 11 万亿美元。

物联网应用场景

随着物联网技术的发展，应用场景不断出现。互联网日渐普及，人们对于物联网的认知也愈发清晰。

在万物互联时代，传统移动蜂窝网络的高使用成本和高功耗催生了专为物联网连接设计的低功耗广域连接技术；该技术对应中低速率应用场景，拥有广覆盖、扩展性强等特征，更符合室外、大规模接入的物联网应用。2020 年全球物联网连接比重如图 2 所示。

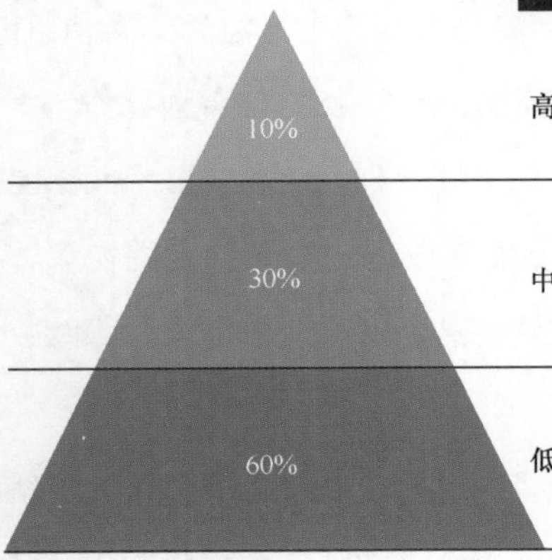

	速率分类	应用场景	业务特点	接入技术
10%	高速率（>10Mbit/s）	视频监控 工业控制 智慧医疗 车联网	功耗不敏感 流量高 时延短	3G/4G/5G LTE-V Wi-Fi
30%	中速率（<1Mbit/s）	穿戴设备 电子广告 车辆管理 无线 ATM	需要语音传输 流量功耗较低 要求广覆盖	eMTC 2G
60%	低速率（<100kbit/s）	无线抄表 环境监测 智能停车 智能家居	传输文本为主 流量功耗极低 要求广覆盖	NB-IoT LoRa SigFox ZigBee

图 2　2020 年全球物联网连接比重

物联网行业的第一个繁荣期已至，虽然新冠肺炎疫情等事件带来大量的市场不确定性因素，但是 2020 年物联网行业依旧保持快速增长。从需求端来看，政策性驱动物联网、生产性物联网、消费性物联网需求已陆续出现，部分物联网应用场景需求已经迎来大规模扩张。物联网通用性强，是一项具有强可复制性的技术，基于端、管、云、边的基础架构，可以将一个场景成功地应用到其他场景中，实现物联网产业规模的迅速扩张。根据 MWC 的公开数据，2022 年中国物联网产业规模有望超过 2 万亿元。

企业自发的物联网应用需求将陆续落地。企业自发的物联网应用需求主要体现在智能化生产、网络化协同、个性化定制和服务化转型 4 个方面。

消费者自发的物联网需求也已初见端倪。根据美国市场调查及咨询公司 SA（Strategy Analytics）的预测，2018 年全球基于物联网场景的设备、系统和服务的消费者支出总额接近 960 亿美元，未来 5 年的复合增长率为 10%，预计 2023 年将达到 1550 亿美元。目前，大量厂商开始将物联网场景一体化方案设计作为战略发展方向，提供智慧家庭、智慧园区、智慧酒店和智慧教育等不同应用场景的集成和综合服务。

物联网场景设计与开发

物联网场景设计与开发是利用物联网、人工智能（Artificial Intelligence，AI）、大数据、云计算等高新技术，为用户提供软硬件整体解决方案，实现定制化的主动服务，给千家万户带去极佳的智慧生活体验，为全球用户定制美好生活。

物联网场景设计与开发以应用为出发点，覆盖物联网系统的基础知识、关键技术及行业应用，具有很强的实用性。

进行物联网场景设计与开发需要掌握：

◎ 物联网系统原理、系统设计及感知层、网络层和应用层的设计与实现；

◎ 物联网系统应用设计与编码；

◎ 物联网系统接口集成；

◎ 物联网场景应用的手机软件（Application，App）、前端、云平台和嵌入式开发等。

典型的物联网应用场景包括智慧家庭、智慧园区、智慧酒店、智慧教育、智慧零售、智慧制造、智慧农业、智慧医疗、智慧物流、智慧交通等。其中，物联网智慧家庭、智慧园区、智慧酒店和智慧教育 4 个应用场景在基础层、传输层、平台层和应用层的产品和技术具有较强的相通性。4 个应用场景包含的岗位群所需的职业能力，在通用能力和专业能力方面基本相同。

本章小结

①"物联网（Internet of Things，IoT）"一词最早出现在比尔·盖茨于1995年创作的《未来之路》一书。

②物联网可以理解为"物物相连的智能互联网"。

③物联网场景设计与开发着重于智慧家庭、智慧园区、智慧酒店和智慧教育4个应用场景。

习题

①简述物联网发展的几个重大历史节点。

②物联网是"物物相连的智能互联网"所包含的3个含义是什么？

③举例说明你了解或接触过的物联网应用场景有哪些？

第 1 章

物联网通用技术

物联网技术涵盖了从信息获取、传输、存储、处理直至应用的全过程。

ITU 的报告提出，物联网主要需要 4 项关键性应用技术：

① 标识物品的 RFID 技术；

② 感知事物的传感器网络技术（Sensor Technologies）；

③ 思考事物的智能技术（Smart Technologies）；

④ 微缩事物的纳米技术（Nanotechnology）。

欧盟《物联网战略研究路线图》将物联网研究划分为 10 个层面：

① 感知（ID 发布机制与识别）；

② 物联网宏观架构；

③ 通信（OSI 参考模型的物理层与数据链路层）；

④ 组网（OSI 参考模型的网络层）；

⑤ 软件平台、中间件（OSI 参考模型的网络层以上各层）；

⑥ 硬件；

⑦ 情报提炼；

⑧ 搜索引擎；

⑨ 能源管理；

⑩ 安全。

本书着重阐述物联网智慧家庭等常用场景中所涉及的技术，将从传感技术、自识别技术、嵌入式系统、网络技术等几个关键技术入手，由浅入深地介绍。

1.1 传感器

学习要求

① 理解传感器的概念，掌握传感器的作用和分类。

② 通过对传感器的分析，了解传感器的基本原理和技术特点。

③ 举出传感器在生活和工作中应用的例子，从而了解传感器的应用。

本节框架

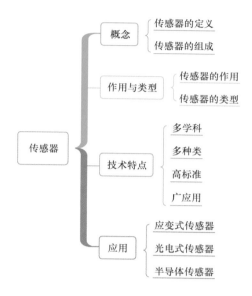

1.1.1　概念

1. 传感器的定义

人类依靠各种感官感受外界环境，从而得到自己需要的信息。人们可以用眼睛看到颜色，可以用耳朵听到声音，可以用鼻子闻到味道，这些器官就是人类的"传感器"。而对于没有意识的物体来说，传感器就是其接收信息和表达的"器官"，让其变成一个"有感觉"的物体。人耳听到声波如图1-1所示。

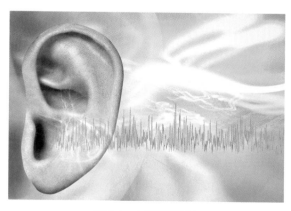

图 1-1　人耳听到声波

传感器是一种检测装置，它是能够把被测量信息按照一定的规律转换成某种可用信号输出的器件或装置，以满足信息的传输、处理、记录、显示和控制等要求。

2. 传感器的组成

在国家标准 GB/T 7665—2005《传感器通用术语》中，传感器的定义是"能感受被测量并按照一定的规律转换成可用输出信号的器件或装置，通常由敏感元件和转换元件组成"。传感器一般由敏感元件（预变换器）、转换元件（传感元件）和信号调节与转换电路3 个部分组成，有时还需要增加辅助电源。其中，敏感元件是指感受器中能直接感受或响应被测量的电信号部分；转换元件是指传感器中能够将敏感元件感受或响应的被测量转换成适于传输或测量的电信号部分。因此传感器需要两种必不可少的元件：一种是接收信号的元件，另一种是将所接收到的信号按照某种规律转换成其他信号形式的元件。

例如，在温度传感器中，当接收信号的元件接收到温度信号时，转换元件会将温度信号转换成可被传输的或可被测量的其他信号；在质量传感器中，当接收信号的元件接收到质量信号时，转换信号可将质量信号转变为可测量的电信号；在电压传感器中，当传感器元件能够感受到检测物体有电压时，即可将电压转换成为电信号，此类传感器在各种自动检测、控制系统中常被用于追踪电压。

举个例子，我们可以想象这样一个场景，做饭食材不够时，我们需要到超市或便利店采购。某些超市会在门口配置电动开关门，应对顾客在使用购物车时不方便推拉门的情况。当顾客推着购物车进入超市时，电动开关门感应到有人靠近，自动打开门；当顾客推着购物车走远时，电动开关门感应不到有人在附近，则会关闭门。面对这种场景，当我们在使用传感器设计电动开关门时，可以采用一种探测静止人体的热红外人体感应器，通过感知传感器和人体之间距离的变化，感应器件将信号转换成可传输的电信号，从而控制电动开关门。近些年这种传感器更多地被应用在电子产品中，它可以感应人体并识别人体手势，然后将之转换成电信号指令加以利用。

各个领域存在着各种各样的传感器，它们分别被应用于不同的场景，能够在生活和工作中辅助人们提供便利，因此传感器的应用和开发是有必要的。

1.1.2 作用与类型

1. 传感器的作用

我们用一种更容易被理解的方式来解释传感器的作用，可以把传感器类比成人的感觉器官。人在日常生活中通过眼睛、鼻子、嘴、耳朵等器官感知外界，通过感知产生对于客观世界的认识，从而付诸实践，传感器也是如此。

传感器通过接收和感知某种信号，产生对外界环境的"认识"，从而将某种信号转变成另一种形式的信号，最终将这种信号输出。

例如，人的眼睛通过光来识别颜色，类似于传感器中的光敏传感器——它对光信号有感知，从而输出有确定关系的电信号；人用耳朵听到声音，声敏传感器就可以通过对声音信号的感知和识别，转换并输出有确定关系的电信号；人用四肢触碰物体，产生触觉，而像压敏、温敏传感器等就可以通过对压力、温度等信号的感知从而将这些信号转换为电信号。

诸如此类的传感器还有很多，它们服务于人们，满足人们的各种需求，使人们的生活和工作更加便利。传感器是一种全新的获取外界信息的形式。

2. 传感器的类型

传感器的类型多种多样，可以满足人们的各种需求。

（1）按工作原理分类

通过不同学科的规律、效应等，传感器按照工作原理可分为物理量传感器、化学量传感器和生物量传感器三大类：物理量传感器分为力学量、热学量、光学量、磁学量、电学量、声学量和射线传感器；化学量传感器分为离子量、气体量、湿度量传感器；生物量传感器分为生化量传感器和生理量传感器。传感器按照工作原理分类见表1-1。

表1-1　传感器按照工作原理分类

按工作原理分类	物理量传感器	力学量	压力传感器、力传感器、速度传感器、加速度传感器、流量传感器、硬度传感器等
		热学量	温度传感器、热流传感器等
		光学量	可见光传感器、图像传感器等
		磁学量	磁通量传感器、磁场强度传感器等
		电学量	电流传感器、电压传感器等
		声学量	声压传感器、噪声传感器等
		射线	X射线传感器、β射线传感器等
	化学量传感器	离子量	pH（Hydrogen ion concentration，氢离子浓度指数）传感器、成分传感器等
		气体量	气体分压传感器、气体浓度传感器等
		湿度量	温度传感器、水分传感器等

续表

按工作原理分类	生物量传感器	生化量传感器
		生理量传感器

（2）按用途分类

传感器按照用途可以分为速度传感器、温度传感器、湿度传感器、射线辐射传感器等，它们应用于人们生活和工作的方方面面，能够满足人们的不同需求。

（3）按输出量分类

传感器的敏感元件在检测到某种信号时，会将其转换成其他信号形式，这种转换出的信号即为输出量。传感器按不同的输出量可以分为模拟式传感器和数字式传感器。大到工业、农业等领域，小到人们的日常生活等，都可以看到模拟式传感器。模拟式传感器是指输出的信号是模拟量。数字式传感器是指将模拟式传感器经过加工或者改造，使其输出的信号是数字量或数字编码，数字式传感器使用可行的数据存储技术，能够保证不丢失模块参数。

（4）按敏感材料分类

某些传感器在外界因素的影响下，其中的材料会产生一些反应，这些反应具有各自的特征和规律，从而使传感器与其他的传感器产生区别，例如，传感器按敏感材料可分为金属传感器、半导体传感器、磁性材料传感器等。

1.1.3 技术特点

1. 多学科

传感器在设计和制作上涉及不同的学科，包括物理、化学、生物等。物理量传感器利用相应的物理效应，将敏感元件检测到的物理量转换成其他形式的信号，物理量传感器主要包括压力传感器、电压传感器、速度传感器、温度传感器等；化学量传感器是对各种化学物质进行检测的传感器，它能够识别不同的化学物质，并将该化学物质的浓度转换为其他形式的信号，化学传感器一般应用于安全报警、生鲜保存、探测矿产资源等方面；生物量传感器对生物介质较为敏感，可以把生物介质的浓度转换为其他形式的信号，生物量传感器一般应用于食品工业、环境监测、医学等方面。

2. 多种类

传感器可以检测种类繁多的信号，包括热工量、电工量、机械量、化学量等。传感器可以检测到力、位移、速度、加速度、震动、转角等参数，从而产生相应的信号，使转换元件生成相应的电信号，以供人们使用。

3. 高标准

人们在制造传感器时需要许多复杂的技术和创新的工艺，传感器的制造难度较大，制作工艺要求高。这些高精尖的工艺和技术（例如，集成技术、超导技术、纳米加工技术、智能化技术等）是实现传感器精准识别的关键。

4. 广应用

随着时代的快速发展，人们对于现代科学技术的钻研愈加深入，人们在日常生活和工作中经常需要对各种信息进行收集、处理、加工、应用，这时传感器就能够很好地起到作用。传感器在工业自动化、航空航天、资源监测、环境保护、医学、电子产品等方面已经被广泛应用，例如，传感器在家用电子产品中的应用十分广泛，冰箱、微波炉、相机、洗衣机等都离不开传感器。

1.1.4　应用

传感器在现代社会的应用越来越普遍，涉及各个领域，并且逐渐向智能化、集成化、微型化发展，以适应现代社会的需要，因此可以说，传感器技术正在与物联网技术的发展方向靠拢。接下来就从传感器的不同类型入手，介绍几种常用于人们生活和工作的传感器。

1. 应变式传感器

应变式传感器是应用最广泛的传感器类型之一，包括应变式压力传感器、应变式位移传感器、应变式速度传感器等，大部分被用于检测物理量。

以金属电阻应变式传感器为例，它的工作原理可以简单地理解为通过检测被测物理量，根据它的变化去影响电阻值的变化，由于电阻和电压存在确定的关系，从而影响电压的变化。

应变式传感器具有很多优点，例如，测量精度较高，测量范围较大，体积小、重量轻、价格低，能够测量静态和动态两种力等。与此同时，应变式传感器也存在一定的缺点，例如，应变式传感器在将输入量进行转化之后，输出的信号比较弱，需要使用其他工具辅助。

2. 光电式传感器

随着时代的发展，新型检测光电元件越来越多，这使光电式传感器的应用越来越广泛，例如，红外传感器、光纤传感器、激光传感器、图像传感器等。激光传感器可测量长度、位移、速度等量，从而将这些量转换成相应的信号。

光电式传感器的内部一般有光敏电阻、光敏晶体管、光敏二极管等元器件。光电器件作为转换元件，通过对光的检测和测量，从而转换所需的信号。光电式传感器有两种检测方式：一种是检测直接影响光的强弱的信号，例如，光强、光辐射等；另一种是检测间接影响光的强弱的信号，即能够转换成光的变化的信号，例如，元器件长度、直径、平整度、位移、速度等。

光电式传感器具有很多优点：可对物体进行非接触式检测；可检测各类性质的物体；响应时间短；可检测物体的颜色等。因此，光电式传感器有其独特的优势，在特定场合下，光电式传感器是一种非常好的辅助检测工具。

3. 半导体传感器

半导体传感器是使用半导体材料制作而成的传感器，可以分为物理敏感半导体传感器、化学敏感半导体传感器和生物敏感半导体传感器，是分别将物理量、化学量、生物量转换成电信号的传感器。此类传感器大多使用硅及其化合物制成的半导体材料。

物理敏感半导体传感器是使输入信号，例如，温度、光、力等不同的物理量，通过对半导体材料产生影响，从而转换成相应的信号；化学敏感半导体传感器是使湿度、离子、气体等化学量产生氧化反应、还原反应、催化反应等，从而对半导体材料产生影响；生物敏感半导体传感器是将生物量转换成其他信号，检测反应物和生成物的数量，多数利用免疫反应、酶的生化反应等进行转换。

半导体传感器的优点是灵敏度高、种类多、体积小、响应时间短等。

传感器在现实生活中的应用非常多，它逐渐与不同的前沿技术进行融合渗透，从而出现更多的高精尖技术，推动物联网技术与信息技术的进步。

本节小结

① 传感器是一种检测装置，它是能够把被测量信息按照一定的规律转换成某种可用信号输出的器件或装置，以满足信息的传输、处理、记录、显示和控制等要求。

② 传感器按照工作原理可以分为物理量传感器、化学量传感器、生物量传感器三大类。传感器按照用途可以分为速度传感器、温度传感器、湿度传感器、射线辐射传感器等。传感器按照输出量可以分为模拟式传感器和数字式传感器。传感器按敏感材料可以分为金属传感器、半导体传感器、磁性材料传感器等。

③ 应用于人们生活和工作的传感器包括应变式传感器、光电式传感器、半导体传感器等。

习题

① 简述传感器的定义。

② 根据你在生活中所见的传感器，将其按照工作原理分类，各个子分类中的实际应用类型都有哪些?

1.2 自识别技术

学习要求

① 掌握常用的自识别技术，包括生物识别技术、集成电路 (Integrated Circuit, IC) 卡和磁卡识别技术、光学字符识别技术、射频识别技术，以及它们的工作原理和特点。

② 掌握 RFID 的相关概念。

● **本节框架**

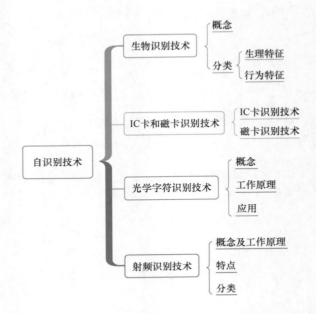

　　随着时代的不断发展，人们在现实生活中接收和应用的信息越来越多。在自识别技术尚未出现之前，人们收集数据是通过传统的人工手段，但是人工手段不仅处理时间长，还会耗费人们大量的精力。自识别技术出现之后，人们可以使用这项技术处理大量数据，通过对数据和信息的自动识别，及时、快速、准确地获得所需要的信息。因此，自识别技术让人们的生活和工作更加便利。

　　自识别技术就是识别文字、字符、影像、声音等信息，并自动识别和处理相关的信息，最终交由计算机归纳和后续处理。识别信息的方式包括数据采集和特征采集两大类：数据采集是通过对载体的识别，从而获取所需信息；特征采集是通过对相应物体的特征进行识别来完成信息的采集。

　　常用的自识别技术有很多，在这里主要介绍生物识别技术、IC卡和磁卡识别技术、光学字符识别技术、射频识别技术，以及它们的工作原理和特点。

1.2.1 生物识别技术

1. 概念

智能手机在某种程度上改变了人们的生活，不止外观与众不同，在技术上更是发展迅速，尤其在屏幕解锁方面，从一开始的键盘解锁，到输入密码解锁，再到现在的指纹、虹膜解锁，自识别技术正在悄然改变着我们的生活，而指纹、虹膜解锁正是生物识别技术的实际应用。人们的指纹、虹膜作为特殊的标识被识别。

生物识别技术就是计算机通过识别人的生理特征或者行为特征，从而得到信息，进行身份识别。由于人们的身体不容易被复制，每个人有着不完全一样的生理和行为特征，所以生物识别技术逐渐被人们应用于身份验证。生物识别技术通过识别人们的指纹、虹膜、血管分布、手掌等信息，将每个人的个人信息或统一的特征存储在数据库中，进而通过识别个人特征来完成身份识别。

生物识别技术应用广泛，其在智能手机解锁、上课签到、抓捕罪犯、金融证券等行业场景均有所涉及，且使用方便，几乎可以被应用在任何需要进行身份识别的情景中。

2. 分类

生物识别技术可以从生理特征和行为特征两个角度进行识别：生理特征包括人们的指纹、虹膜、掌纹、气味等；行为特征包括人们的步态、签名、语言等。

（1）生理特征

① 指纹识别。大多数智能手机品牌设计过指纹解锁的手机。指纹识别是先读取指纹，再使用计算机识别指纹，从指纹中找到其特征，最后准确地识别身份。指纹识别有很多优点，包括技术成熟、成本低、简单易操作等。指纹识别技术如图1-2所示。

图1-2 指纹识别技术

② 虹膜识别。虹膜是人类身体上不变的、独一无二的生理特征，即使通过手术也无法改变的特征。目前世界上还没有发现相同的虹膜。因此人们将虹膜的特征和信息技术结合之后，把所有信息存入数据库，这样就出现了能够准确识别人们身份的虹膜识别技术。

虹膜识别技术的操作更加简便，准确度更高。虹膜识别技术如图 1-3 所示。

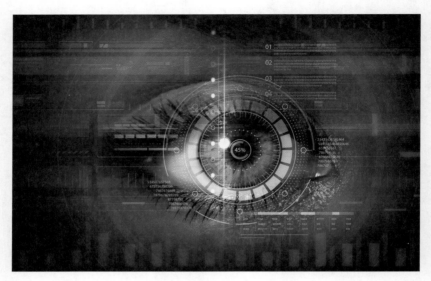

图 1-3　虹膜识别技术

③　面部识别。面部识别技术被广泛地应用在实际生活中，这种技术主要是识别每个人面部五官的相对位置，使用图像捕捉技术将人们的面部特征捕捉下来，然后进行识别，从而找到每个人独有的特征。面部识别技术的优点主要是非接触性，人们可以在不接触传感器的情况下进行身份识别。但是如果被识别对象的头发、装饰、年龄有所变化，身处不同的环境，那么就会产生误差，影响面部识别的结果。面部识别技术如图 1-4 所示。

图 1-4　面部识别技术

（2）行为特征

① 签名识别。我们在电视剧中经常能够看到，警察在侦破案件时会检测证据中的文件签名是否为本人所写，是否有人模仿签字，这时就用到了签名识别技术。举个例子，如果你到银行柜台取钱，银行柜员会要求你在票据或者电子屏上签字，表示是本人进行的操作，这就是签名识别的应用。

签名识别是通过测量签名来进行识别的，每个人写字的轻重、速度、距离、姿势有所不同，识别系统就是通过这些区别来对签名进行识别的。在这种情况下，经常会出现一个问题，那就是人们在不同的状态和年龄下写的字会有所不同，那么签名识别的可靠性就会有所影响。

② 步态识别。步态识别是对人们行走的姿势进行识别，识别系统对人们运动时身体关节和肢体的运动状态的提取，从而对人们的运动姿势进行识别。每个人的走路和运动姿势有所不同，不管是步幅、步态、角度、速度等方面，每个人都有自己的特点，识别系统能通过这些不同的特征识别出不同的身份。

由于步态识别的研究刚刚起步，这又是一个非常复杂的过程，系统需要通过对大量的图像和数据进行比对、处理和分析，才能够得到一个比较准确的结果，所以这项技术还没有真正地被商业化，仍处于研究中。

③ 语音识别。语音识别是人们比较熟悉的一项技术，它具有唯一性，每个人的声音都有所不同。语音也具有稳定性，基本不会因为时间和年龄的变化而改变。语音也极易采集，从而对于识别人们身份提供了更多的帮助。

从理论上来说，语音既包括了生理特征，又包括了行为特征。语音识别广泛地被人们应用在实际生活和工作之中，例如，警察可以通过一段录音准确地定位嫌疑人。不可否认的是语音识别也具有缺点，如果嫌疑人使用别人的声音录音犯罪，或者嫌疑人的声音因不可控因素有所变化，那么语音识别就会出现偏差。

1.2.2　IC卡和磁卡识别技术

1. IC 卡识别技术

（1）主要功能

IC 卡是由罗兰·莫雷诺发明的。他首次将可以被编程的 IC 芯片放在卡片中，因为可被编程的 IC 芯片能实现很多功能，从而使被安装的卡片拥有了相应的功能。

接触式 IC 卡有两种类型，分别是存储器卡和微处理器卡。

接触式 IC 卡有两种主要形式，分别是预付费卡和信用 / 借记卡。

举个例子，人们乘坐公交和地铁时通常会使用提前充值的交通卡，刷卡使用后，卡内的钱相应地就会减少，这种卡片就是预付费卡。预付费卡是提前存入一定的钱，人们使用此卡后，卡中的钱就会减少。这种卡的形式一般用在公交卡和 SIM 卡上。

再举个例子，人们在消费时会选择使用信用卡，即卡内没有钱，提前进行消费，最后再统一还款。信用卡是在人们使用时先把使用的金钱数额记录下来，之后再统一结算。

因为接触式 IC 卡内一般会有一个微处理器，所以卡片会成为一个智能卡或者存储卡，而有的卡片需要存储大量的财务信息，也就是说需要在使用接触式 IC 卡之前确认使用人的身份，所以就需要更高的技术来保密。

（2）工作原理

接触式 IC 卡之所以被称为"接触式"，是因为接触式 IC 卡在使用时需要插进相应的读卡器中。大家可以回忆一下，我们在使用水表卡时需要先将自己的卡片插入读卡器，再进行相应的操作。而这样操作的原因是接触式 IC 卡需要通过表面的电接触点和读卡器互相接触，从而读取信息，实现信息交换，接触式 IC 卡和读取信息之间的信息传输速率通常为 9600bit/s。接触式 IC 卡在工作时有两种电源的提供方式：一种是由读写器通过卡表面的电触点提供的，另一种是通过卡内自己安装的电源。国际标准化组织（International Organization for Standardization，ISO）规定，接触式 IC 卡需要在 5±0.5V 的电压以及 1MHz ～ 5MHz 的频率下进行工作。

接触式 IC 卡的存储容量为 2000 ～ 8000B，随着科技的发展，接触式 IC 卡未来能够存储的容量还会继续增加；接触式 IC 卡可以在 0℃～ 40℃工作，不会损坏数据；接触式 IC 卡可以在 20% ～ 90% 的相对湿度下工作；接触式 IC 卡一般可以在有少量水的情况下工作，但是需要注意的是，读卡器不能在有水的情况下工作，因此接触式 IC 卡如果需要在有水的情况下使用，需要先擦干表面水分再插入读卡器；接触式 IC 卡可以接受一定的烟雾和辐射等。

接触式 IC 卡在使用过程中的磨损程度和读写次数会影响使用寿命，人们也在这些方面努力做出改进和创新，以提升接触式 IC 卡的性能，延长其使用寿命。

（3）发展趋势

接触式 IC 卡有存储器卡和微处理器卡两种类型。

当今市场中，存储器卡的使用场合更多，例如，人们常常使用的银行信用卡就是存储器卡；相较而言，微处理器卡的使用场合较少。但是随着未来硅芯片技术的提高和硅芯片价格的降低，微处理器卡有可能会凭借高保密性等优势扩大所占市场的比例。

2. 磁卡识别技术

（1）主要功能

磁卡在人们生活中可应用的地方非常多，例如，我们在银行存 / 取钱时，就需要将我们的卡片插入自动取款机（Automated Teller Machine，ATM）中进行操作，这就是一个非常典型的磁卡使用场景。现在，磁卡已经被用于我们生活的方方面面，包括银行、电话系统、飞机、高铁等场景。

从技术方面来说，磁卡可以被读出信息，也可以被写入信息，并且可以实现现场完成信息的写入和读取，这是它的一大优点，满足了人们众多的即时需求，方便了人们的使用，并且制作成本较低。例如，人们常用的公交卡、信用卡、会员卡等都使用了磁卡。

（2）工作原理

磁卡主要运用了物理学和磁力学原理。我们将一层薄薄的铁性氧化粒子组成的物质与树脂胶合在一起，粘贴在非磁性基片上，在材料干燥之前更改其磁极取向，从而使磁卡更适合进行写入和读出信息的工作。此后，如果需要使用磁卡，我们就将制作好的磁卡插入相应的读卡器中，读卡器的磁头就会工作，在磁卡上完成写入和读出的操作，通过写入二进制的编码，从而写入和读出相应的信息。

磁卡和读卡器是在磁场中工作的，磁卡和读卡器的相对运动产生磁极的变化，从而使磁卡完成写入和读出信息的操作。它们之间交换信息的速率一般是 12000bit/s。磁卡存放的适宜温度是 −40℃ ～ 80℃，操作的适宜温度是 0℃ ～ 55℃；磁卡适宜的湿度是 5% ～ 95%；但是对于磁卡来说，任何的液体和脏污都会影响磁卡的使用，因此磁卡需要在干净、干燥的环境中存放。

（3）发展趋势

磁卡在安全性和保密性方面还可以进行一定的改进和创新，但除此之外，在 ISO 的相应标准下，磁卡已经很难有更进一步的发展。

 1.2.3 光学字符识别技术

1. 概念

光学字符识别技术是目前应用广泛的一项技术，经常被应用在日常办公中。它最早出现在 20 世纪 60 年代，IBM 公司最早开发了光学字符识别技术相关的产品—— IBMI287。光学字符识别技术是使用电子设备通过一定的检测技术确定字符的形状，然后用字符识别方法将检测出来的形状翻译成计算机中的文字。简单来说，光学字符识别技术是将纸质文件中的文字转换成图像文件，或者是可以被编辑的文本格式。

举个例子，学校档案室的老师想要整理每位同学的电子档案，其中，需要收集学生们的荣誉证书并打印出来。学生可以先使用扫描仪扫描自己的纸质版证书，从而形成电子版证书，通过邮件等形式将电子版证书提交给老师，老师再统一打印。这样不仅保证打印格式的统一性，还能得到清晰、完整的证书，这就是光学字符识别技术的一个使用场合。

光学字符识别技术可以从识别的正确率、识别速度、稳定性、易用性等角度进行性能评估，从而改进光学字符识别技术，满足人们的日常需求。

2. 工作原理

光学字符识别技术的工作过程包括 4 个流程：扫描输入、选取特征、对比识别和结果输出。

扫描输入就是通过识别设备，扫描纸质文件上的内容。用来识别的设备可以分为单据标签阅读机、文件阅读机和页式阅读机三大类，具体包括影像扫描仪、传真机、其他的摄影器材等。常用的扫描方法包括光栅扫描法、人工视网膜法和笔画跟踪法等。

选取特征就是选取需要被识别内容的特征，从而方便系统进行识别。简单来说，选取特征可以分为两大类：一类是统计的特征，统计系统在抽取内容中的黑 / 白点数比，从而了解每一个区域的分布，形成数值向量，再通过一定的数学知识和理论完成后续的算法和分析；另一类是结构的特征，系统在识别到相应内容后，抽取字符的粗细、交叉点、端点数和笔画数量等信息。

对比识别就是对识别出来的字符进行识别确定。系统会先把数据库中提前存好的数据与识别到的数据进行识别和对比，判断识别到的数据和数据库中的数据是否匹配，如果能够找到特征相对应的字符，那么对比识别成功。

光学字符识别技术的最后一步就是输出识别和对比完成的数据。

3. 应用

光学字符识别技术具有很多优点，例如，字符可以被人们识读出来，进行完整的扫描等。但是通过光学字符识别技术得到的数据格式非常有限，输入速度和可靠性也有一定的限制。

现在，光学字符识别技术经常被人们应用于日常办公、邮件处理和自动获取文本等工作情景，更被广泛地应用于新闻、出版、印刷、办公自动化等行业。目前市场上较为成熟的光学字符识别技术的产品包括证件识别、车牌识别、文档识别、表格识别、护照识别、身份证识别等。

1.2.4　射频识别技术

1. 概念及工作原理

（1）概念及发展

射频识别（Radio Frequency Identification，RFID）技术是一种非接触式自动识别技术，这种技术不需要人们的参与，可以直接使用射频信号自动识别目标并且读取数据。RFID 技术又称电子标签技术，具有很多优点，广泛应用于交通、物流、安全等领域。RFID 技术的发展经历了 5 个阶段，分别是产生阶段、研究阶段、实现阶段、推广阶段和普及阶段。RFID 技术的发展具体来说可以分为 7 个时期，RFID 技术阶段发展如图 1-5 所示。

（2）工作原理

RFID 系统的组成暂时还未得到标准答案，学者们有着不同的看法。但是具体来说可以总结为：从微观的角度考虑，RFID 系统的组成是阅读器、电子标签、发射接收天线；从宏观的角度考虑，RFID 系统的组成是阅读器、电子标签、信息系统。

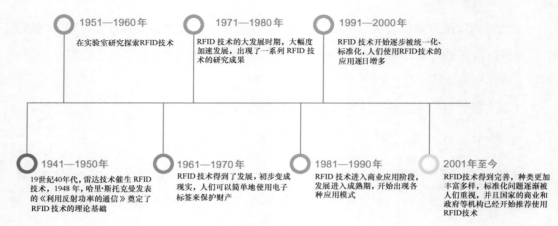

图 1-5　RFID 技术阶段发展

RFID 技术的工作原理比较容易理解。阅读器会发射出一种特殊的射频信号，当电子标签进入磁场后，如果它感应到这种特殊的射频信号，就能够发送响应信息，阅读器读取信息并且进行解码后，就可以将信息传送到中央信息系统进行相关处理。电子标签发送信息的形式有两种：一种是被动式地通过感应电流获得的能量发送其储存在芯片中的信息，另一种是主动向阅读器发送特定频率的信号。由此，电子标签和阅读器实现了信息的传输。

简单来说，RFID 系统的工作流程分为 7 步，RFID 工作流程示意如图 1-6 所示。

图 1-6　RFID 工作流程示意

2. 特点

RFID 技术是物联网的核心技术之一，由于它的非接触等优势，在众多自识别技术中具有竞争优势，发展比较迅速。

RFID 技术最具有竞争力的优势在于它的非接触特点，不同于其他自识别技术，它可以在 10 厘米到几十米之间进行识别，而不是非要接触到或被识别仪器"看到"才能进行工作；RFID 技术可以直接通过无线数据通信网络自动接收被采集的信息，并传输到中央信息系统；RFID 磁条可以以任意形式安装在包装中；RFID 技术的识别速度快，保密性强，可以同时识别多个对象，识别高速运动物体等。基于 RFID 技术的以上优势，它被应用在人们生活的方方面面。

3. 分类

根据 RFID 技术的不同观察点，RFID 技术可以分为以下几类。RFID 技术分类见表 1-2。

表 1-2　RFID 技术分类

RFID 技术	供电方式	有源系统
		无源系统
		半有源系统
	数据调制方式	主动式系统
		被动式系统
		半主动式系统
	系统工作频率	低频系统
		高频系统
		超高频系统
		微波系统
		混频系统
	可读写性能	只读系统
		一次写入多次写出系统
		读写系统
	工作时序	阅读器先讲系统
		电子标签先讲系统

本 节 小 结

① 在自识别技术中，生物识别技术是指计算机通过识别人的生理特征或者行为特征，从而得到信息，进行身份识别。该项技术可以从人的生理特征和行为特征两个角度实现。

② IC卡是由罗兰·莫雷诺发明的。他首次将可以被编程的IC芯片放在卡片中，因为可被编程的IC芯片能实现很多功能，所以安装了它的卡片拥有了相应的功能。

③ 光学字符识别技术是使用电子设备将所有的字符，通过一定的检测技术确定字符的形状，然后用字符识别方法将检测出来的形状翻译成计算机中的文字。

④ 射频识别（RFID）技术是一种非接触式自动识别技术，这种技术不需要人们参与，便可以直接使用射频信号自动识别目标并且读取数据。

习 题

① 有哪些常用的自识别技术？

② 举例你所见的生活中的生物自识别技术的应用情景。

③ 简述IC卡的分类。

④ 磁卡的工作原理是什么？

⑤ 光学字符识别技术的4个流程是什么？

⑥ 简述RFID技术的工作原理。

1.3 嵌入式系统

学习要求

① 掌握嵌入式系统的概念、结构和特点，以及其应用领域。

② 掌握中间件的概念、结构和分类。

③ 了解云计算的概念、工作原理、服务层次和特征。

④ 了解数据库的概念、特征和类型。

● **本节框架**

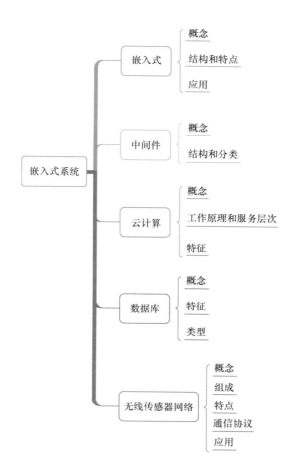

🧠 1.3.1 嵌入式

1. 概念

物联网的核心技术分布在众多领域之中，其中包括传感器、嵌入式系统、RFID 等，嵌入式系统是一种很重要的技术，它相当于人类的大脑，负责信息的传输和处理。

美国电气和电子工程师协会（Institute of Electrical and Electronics Engineers，IEEE）是这样对嵌入式系统进行定义的：用于控制、监视或者辅助操作机器和设备的装置，是一种专用的计算机系统。简单来说，嵌入式系统是一种软件和硬件的综合体，它主要以应用为中心，以计算机系统为基础，软硬件均可适当增减，以适应对功能、可靠性、成本、体积、功耗等严格要求的专用计算机系统。嵌入式系统一般由嵌入式微处理器、外围硬件设备、嵌入式操作系统和应用程序 4 个部分组成。

目前，嵌入式系统主要包括冯·诺依曼结构和哈佛结构。冯·诺依曼结构是将程序指令存储器和数据存储器合并的结构，即计算机指令和数据共用同一个存储器。哈佛结构则是将程序指令存储器和数据存储器分开的结构，即将计算机指令和数据存储在不同的存储空间中独立编码、独立访问。

2. 结构和特点

（1）结构

嵌入式系统自下向上主要包括 3 个部分，分别是硬件环境、嵌入式操作系统和嵌入式应用程序。嵌入式操作系统层级如图 1-7 所示。

图 1-7　嵌入式操作系统层级

硬件环境是指整个嵌入式操作系统和应用程序进行工作的基础和平台，但是不同的应用程序需要不同的硬件平台。

嵌入式操作系统是指应用程序完成工作和任务的核心，它负责任务的调度和控制管理，它的内核比较精简，可配置，与应用程序关系紧密。

嵌入式应用程序是指在嵌入式操作系统的管理和控制的基础上运行的应用，它通过嵌入式操作系统完成特定的功能。

在硬件环境和嵌入式操作系统之间需要配置相应的操作系统和硬件的接口，同样，在嵌入式操作系统和嵌入式应用程序之间需要具有相应的应用程序与操作系统的接口，以便信息的传递和运输。

硬件环境、嵌入式操作系统和嵌入式应用程序在多样性上有其各自的特点：硬件环境具有多样性；嵌入式操作系统具有相对的不变性；不同的嵌入式应用程序被应用于不同的嵌入式操作系统中。

（2）特点

嵌入式系统具有两大特点，分别是高分散性和具有产品特性。

对于市场来说，没有一种操作系统和微处理器能够将技术完全垄断，嵌入式系统也是不可能被垄断的一种技术，不同的应用领域有着不同的嵌入式系统。因此嵌入式系统是高度分散的，在不同的应用领域里，发展和创新的机会还有很多。

嵌入式系统不能脱离用户、产品、应用而独立存在，不同的用户、产品、应用具有不同的特性，嵌入式系统可以针对不同的用户、产品、应用设计不同的配置和性能，从而拥有更长的生命周期。

除了这两点外，嵌入式系统还具有可剪裁性、实时性、操作方便、接口统一等特点。

3. 应用

嵌入式系统的应用场景非常广泛，包括在工业、交通、家电、电子商务、机器人等方面有着极为广泛的应用。目前，嵌入式系统融合了物联网技术和计算机技术，并且借助上述所讲的嵌入式系统自身的特点，主要应用于一些与硬件有关的最底层的软件，例如，BootLoader、Board Support Package 等，或是应用于嵌入式操作系统和应用软件的开发，目前最常见的嵌入式操作系统是 Windows、Linux 等。由于这个领域较新，接触嵌入式系统有着非常大的发展空间。

 1.3.2　中间件

1. 概念

中间件是一种连接软件组件和应用的计算机软件，它能够实现底层的硬件设备与应用系统之间的数据传输、过滤和数据格式转换。中间件使用系统软件所提供的基础服务，连接网络上的应用系统的各个部分或者不同的应用，从而达到资源共享、功能共享的目的。中间件是基础软件的一大类，它位于操作系统之上，管理计算机的资源和网络通信，可以连接两个独立的应用程序，因此，中间件处于操作系统软件和用户应用软件的中间部分。

中间件是独立的系统级软件，它连接操作系统层和应用程序层，将不同操作系统提供的应用接口标准化，协议统一化。中间件一般提供通信支持、应用支持和公共服务 3 项功能：通信支持是一个最基本的功能，可为应用软件提供平台化的运行环境，可以屏蔽底层通信间的接口差异，实现交互操作；应用支持是指中间件为应用程序提供统一平台和运行环境，并向应用程序提供统一的标准接口，使应用程序的开发和运行与操作系统无关，

实现独立性；公共服务是指中间件对应用程序的共性功能或约束的提取，实现复用，并作为公共服务提供给应用程序使用。

2. 结构和分类

（1）结构

中间件整体的体系架构对于应用程序来说有着至关重要的影响，中间件所提供的程序接口定义了上层的软件应用环境。所以说，如果遇到底层的计算机硬件需要更新换代的情况，我们仅仅需要升级中间件连接着的计算机硬件接口，而中间件连接上层软件的接口则不需要升级变动，同时上层应用程序也不需要升级变动。

中间件的核心模块包括事件管理系统、实时内存事件数据库和任务管理系统。

事件管理系统是在边缘位置控制（Edge Position Control，EPC）中间件端，它用于收集标签信息。它的主要任务包括让不同类型的读写器将信息写进适配器中；从读写器中收集标准格式的数据并用过滤器进行平滑处理；将处理后的数据写入实时内存事件数据库，或者将数据传输到远程服务器；对事件缓冲，使数据记录器、数据过滤器、适配器能够不被干扰地开展工作。

实时内存事件数据库是用来存储 EPC 中间件时间信息的内存数据库。它主要由 Java 数据库连接接口、数据操纵语言剖析器、查询优化器、本地查询处理器、排序区、数据结构、数据库模式定义语言剖析器、回滚缓冲组成。

任务管理系统使用定制的任务来执行数据管理和数据监控，将一个任务视作多任务系统。它简化了分布式 EPC 中间件的维护，人们通过保证一系列的类服务器上的任务更新，并更新相关的 EPC 中间件上的调度任务，便可以维护中间件。任务管理系统主要包括任务管理器、简单对象访问协议服务器、类服务器和关系数据库管理系统。

（2）分类

中间件的分类有很多，当出现不同的需求，就会产生不同的产品，而新的产品又会催生出更多的中间件分类。中间件通常分成以下 4 类。

① 事务性中间件。事务性中间件是当前应用最广泛的中间件之一，主要提供联机事务处理所需要的通信、并发访问控制、事务控制、资源管理、安全管理等，具有极强的扩展性和可靠性，主要应用于电信、金融、飞机订票、证券等领域。

② 过程性中间件。过程性中间件一般从逻辑上分为客户机和服务器两个部分。客户机和服务器之间的通信可以使用同步通信，也可以采用线程式异步调用。过程性中间件简

单易用，能够进行异构支持，但是具有一定的局限性。

③ 面向消息的中间件。面向消息的中间件是一种常用的中间件，它以消息为载体进行通信，利用高效可靠的消息机制来实现不同应用间大量数据的交换。它分为消息队列和消息传递两大类。这两类消息模型可以摆脱对不同通信协议的依赖，实现了多个系统之间的数据共享和同步。

④ 面向对象的中间件。面向对象的中间件给应用层提供了各种不同形式的通信服务，通过这些通信服务，上层应用对事务处理、分布式数据访问、对象管理等更简单易行。

1.3.3 云计算

1. 概念

云计算应用于人们生活的方方面面，它已经被人们广泛地使用。对于云计算来说，我们可以把它视作一种计算能力，也可以把它视作一种产品进行流通，在互联网中传输。云计算的概念在之前就已经存在，但是它并不过时，云计算对于未来是有着颠覆性影响的。云计算将互联网中的硬件和软件按照一定的规模体系连接起来，并根据应用需求的大小，对结构体系不断地调整，从而建立出一个内耗最小、功效最大的虚拟资源服务中心。

云计算的核心理念是通过不断提高"云"的处理能力，从而减少用户端的处理负担，使用户端能够将操作简化为简单的输入输出。举个例子来说，百度等搜索引擎、有道词典、网易邮箱等都采用了云计算技术。

2. 工作原理和服务层次

（1）工作原理

云计算的基本工作原理是使计算分布在大量的分布式计算机上，而非本地计算机或者远程服务器。对于企业数据中心来说也是如此，这样能够使云计算将资源分布在更需要的应用上，从而根据需要来访问计算机和存储空间。

云计算可以使用户通过云用户端提供的交互接口选择所需的服务，用户请求通过管理系统调度相应的资源，通过部署工具分发请求、配置 Web 应用。云计算架构示意如图 1-8 所示。

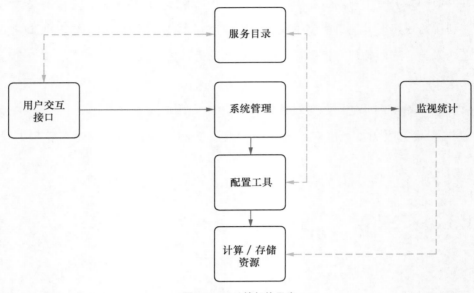

图 1-8　云计算架构示意

① 服务目录是用户可以访问的服务清单列表。用户在取得相应权限（付费或其他限制）后可以选择或定制服务列表，用户也可以对已有的服务进行退订等操作。

② 系统管理和配置工具可以提供管理和服务，负责管理用户的授权、认证和登录，管理可用的计算资源和服务，以及接受用户发送的请求并将其转发到相应的程序，动态地部署、配置和回收资源。

③ 监控统计模块负责监控和计算云系统资源的使用情况，以便迅速反应，完成节点同步配置、负载均衡配置和资源监控，确保资源能够顺利地分配给合适的用户。

④ 计算 / 存储资源是虚拟的或物理的服务器，用于响应用户的处理请求，包括大运算量计算处理、Web 应用服务等。

（2）服务层次

在云计算中，根据其服务集合所提供的服务类型，整个云计算服务集合被划分成 3 个层次。与计算机网络体系结构中划分的层次不同，云计算的服务层次是根据服务类型即服务集合来划分的。在计算机网络中每个层次都实现了一定的功能，层与层之间有一定的关联。而云计算体系结构中的层次是可以分割的，即某一层次可以单独完成一项用户的请求而不需要其他层次为其提供必要的服务和支持。

云计算架构如图 1-9 所示。

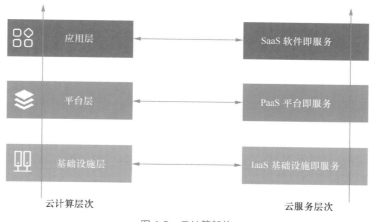

图 1-9　云计算架构

3. 特征

在生活和工作中，云计算为人们带来了方便和快捷，云计算有以下几个特点。

（1）按需自服务

对于云计算来说，用户可以在任何自己需要的时候从互联网上获取所需资源，按需购买，其中，资源包括计算能力和存储空间等。

（2）高通用性

对于云计算来说，它可以支持成千上万种应用，同一种"云"能够支持千变万化的应用，并且适用于多种用户平台，例如，手机、笔记本电脑等。

（3）高扩展性

云计算的服务能够快速、弹性、自动地根据用户的需求提供计算和存储空间，从而满足用户和应用的不同需求。

（4）超大规模

"云"具有相当大的规模，它能够赋予用户前所未有的计算能力。对于企业来说，企业私有云一般有成百上千台服务器，截至 2020 年年底，阿里巴巴公司已经拥有 200 多万台服务器。

（5）虚拟化

云平台的第一层次是互联网技术（Internet Technology，IT）虚拟化平台，是 IT 系统演变为云平台的中间阶段，它实现了网络、服务器、存储的虚拟化。云计算支持用户在任意的位置、终端来获取服务，而用户请求的资源也不是实际存在的事物，而是来自虚拟的"云"。也就是说，云计算让人们不用担心自己所在的位置偏远、所使用的硬件不足，人们只要通过网络就可以获取所需要的服务。

云计算的特点不局限于这些，它还包括服务价格适中、高可靠性、业务可度量等特点。

1.3.4　数据库

1. 概念

如果将物联网视作我们的身体，那么传感器就像是我们的眼睛、鼻子、耳朵等感知器官；传输机制就像是我们的神经，传输着各种重要信息；应用层就像是我们对于各种情况做出的反应；数据库就是我们存储和处理信息的大脑，对传输而来的各种数据进行实时接收、存储、处理和分析。在生物进化史上，大脑的存在证明人类智慧的存在，大脑为人们记住和处理信息，对外界事物做出判断并付诸行动。数据库也是如此，数据库帮助物联网进行记忆、思考、判断、分析、存储等操作，就像是物联网的"大脑"。

在物联网发展迅速的时代，数据库的形成和发展对物联网有着极其重要的作用和挑战。我们想象这样一个情景，在高速公路上飞驰的一辆辆汽车，都逃不过"电子眼"的捕捉，而"电子眼"是应用于智慧城市交通的一个重要的物联网技术，它是基于物联网的交通传感器，可以实时生成大量的交通数据，而这些交通数据是被数据库管理和处理的。

数据库是按照数据结构组织、存储和管理的数据仓库，是一个长期存储在计算机内的、有组织的、可共享的统一管理的大量数据的集合。当前是一个充满数据的互联网世界，人们在平时的生活和工作中也会产生大量数据，例如，微信消息、短信、通话、上网记录、消费记录等，这些文本、图像、声音等都是数据，它们需要数据库的统一存储和管理，数据库的存储空间也很大，可以存放上亿条数据。

一方面，我们可以把数据库看作是实际管理数据的"仓库"；另一方面，我们可以把数据库看作是对数据进行管理的新方法和新技术，将数据进行更恰当的管理和利用。在数据库中，我们需要对数据进行有规则的存放，而不是随意存放，否则会使数据库混乱，降低对数据库的查询和处理效率。

2. 特征

（1）大量

随着网络空间数据的不断增加，数据库中的数据规模也在不断扩大，甚至在网络空间中，数据已经开始使用 EB 和 ZB（10^{21}）等单位来计数。

（2）多样

人们在日常生活和工作的过程中会产生各种各样的数据，大到企业内部的经营交易信息，小到人们发送的每一条消息。

（3）快速

信息获取和传播越来越普遍，对于数据来说，数据的产生、发布越来越容易，人们在交易平台上每一次交易的信息，在微信中发送的每一条消息，在自媒体平台上发布的每一个视频，都在产生着数据，这些数据被存储在数据库中。

（4）真实

在数据库中，数据的重要性体现在对决策的支持上。数据的规模大小并不能决定数据是否对决策有所帮助，在大量的数据中，其真实性和质量才是辅助决策重要的因素。

3. 类型

数据库分为关系型数据库和非关系型数据库。

关系型数据库是指存储格式能够直观地反映实体间的关系。我们用生活中常见的事物来举例，关系型数据库就像我们常见的表格，我们可以把关系型数据库简单地理解为二维表格模型，以行和列的形式存储数据，并将这一系列的行和列称为表，一组表组成数据库。关系型数据库中的表与表之间有很多复杂的关联关系，用户通过查询来检索数据库中的数据。主流的关系型数据库有 Oracle、DB2、MySQL、Microsoft SQL Server、Microsoft Access 等多个品种，每种数据库的语法、功能和特性也各具特色。

非关系型数据库是指分布的、非关系型的、不保证遵循 ACID[1] 原则的数据存储系统。非关系型数据库有 4 个类型：键值（Key-Value）存储数据库、列存储数据库、文档型数据库、图形数据库。它们各自有存储方式和优缺点，人们可以根据不同的应用场景选择。非关系型数据库的结构相对简单，读写性能较好，能够满足随时存储自定义数据格式的需求，适用于发布数据处理工作。随着近些年技术的不断拓展，大量的非关系型数据库（例如，MongoDB、Redis、Memcache）出于简化数据库结构、避免冗余、影响性能的表连接、摒弃复杂分布式的目的被设计出来。

 # 1.3.5　无线传感器网络

1. 概念

无线传感器网络（Wireless Sensor Networks，WSN）是由若干个具有无线通信功

---

1 ACID（数据库事务正确执行的四个基本要素）：原子性（Atomicity）、一致性（Consistency）、隔离性（Isolation）、持久性（Durability）。

能的传感器节点构成的，它们通过无线通道相连，自组织地构成网络系统，是一种分布式传感网络，它的末梢是可以感知和检查外部世界的传感器。无线传感器网络结构如图 1-10 所示。

图 1-10 无线传感器网络结构

节点在网络中是指任何两个支路或更多支路的互连公共点。传感器节点是无线传感器网络的基本功能单元，它的基本组成和功能包括传感单元、处理单元、无线通信单元和供电单元等。传感单元由传感器和数/模转换模块组成，用于感知、获取监测区域内的信息，并将其转换为数字信号。处理单元由嵌入式系统构成，包括处理器、存储器等，负责控制和协调节点各个部分的工作，存储和处理自身采集的数据及其他节点发来的数据，可以说是传感器节点的核心。无线通信单元由无线通信模块组成，负责与其他传感器节点通信，交换控制信息和收发采集数据。供电单元通常采用微型电池，为传感器节点提供正常工作所需的能源。

传感器节点可以连续不断地进行数据采集、事件检测、事件标识、位置监测和节点控制，它对本身采集到的信息和其他节点转发给它的信息进行初步的数据处理和信息融合之后，以相邻节点接力传送的方式将信息传送到基站，然后通过基站以互联网、卫星等方式传送给最终用户。

无线传感器网络节点特征分类见表 1-3。

表 1-3 无线传感器网络节点特征分类

特性	测量对象	敏感转换原理
物理特性	压力	压阻式、电容式
	温度	热敏电阻、热机械式、热电机械式、热电偶式
	湿度	电阻式、电容式
	流量	压力变换式、热敏电阻式

续表

特性	测量对象	敏感转换原理
移动特性	位置	电磁（Electromagnetic, E-mag）式、全球定位系统（Global Positioning System，GPS）、接触式
	速度	多普勒效应、霍尔效应、光电式
	角速度	光编码器
	加速度	压阻式、压电式、光纤
接触特性	应变	压阻式
	力	压阻式、压电式
	力矩	压阻式、光电式
	滑动	双力矩式
	振动	压阻式、压电式、光纤、声、超声
信号有无 / 开关量	皮肤 / 检测	接触开关式、电容式
	边缘	霍尔效应、电容式、磁式、振动式、声波、射频信号
	距离大小	声磁
	物体位移	红外、声波、振动
生物量	生物化学位置、生化战剂	生物传感
识别	人体性能	视觉、指纹、视网膜扫描、语音、视觉移动分析、汗毛发热

2. 组成

传感器的组成包括敏感元件、转换元件和转换电路。无线传感器网络的组成包括传感器节点、汇聚节点和任务管理节点。网络中的传感器节点除了具有信息采集和处理功能外，还具有路由转发和网内处理功能。无线传感器网络通过汇聚节点收集传感器节点采集的数据，实现传感网络与互联网或用户连接。

传感器节点是一个微型嵌入式系统，采用嵌入式微处理器，完成简单数据的处理、感知（传感器敏感元件）、采集和初级处理〔信号调理电路包括滤波运放、模数（Analogueto-Digital，AD）转换电路］、存储、管理和融合数据等。具体包括感知模块（传感器—A/D 转换）、处理器模块（处理器和存储器）、无线通信模块［网络—媒体存取控制位址（Media Access Control Address，MAC）协议—收发器］、电源管理模块。

汇聚节点即网关，是完成两种协议栈之间的通信协议转换，接收任务管理节点的监测任务，完成网络节点的相关配置，将传感器数据通过外部网络发送到任务管理节点。

任务管理节点是用户界面的控制端，用于发送指令等控制整个系统。

3. 特点

WSN 是由若干具有无线通信功能的传感器节点构成的，由于无线传感器网络节点特点的要求，所以多跳、对等的通信方式比之前传统的单跳、主从通信方式更适合无线传感器网络，同时还可以有效避免在长距离无线信号传播过程中遇到信号衰落和干扰等问题。传感器网络通过网关还可以连接到现有的网络基础设施上，从而将采集到的信息回传给远程的终端用户。

无线传感器网络具有以下特点。

（1）大规模网络

为了获取精确的信息，无线传感网络通常在监测区域内部署大量的传感器，传感器节点数量可能成千上万，甚至更多。

无线传感器网络的大规模性包括两个方面的含义：一方面，传感器节点分布在很广的地理区域内，例如，在原始森林中采用传感器网络进行森林防火和环境监测，需要部署大量的传感器节点；另一方面，传感器节点部署密集，在一个面积不是很大的空间内密集部署了大量的传感器节点。

传感器网络的大规模性具有以下优点：一是通过不同空间视角获得的信息具有更大的信噪比；二是通过分布式处理大量的采集信息提高监测的准确度，降低对单个节点传感器的准确度要求；三是大量冗余节点的存在使系统具有很强的容错性能；四是大量节点能够增大覆盖的监测区域，减少盲区。

（2）自组织网络

在传感器网络应用场景中，通常情况下传感器节点被放置在没有基础结构的地方。传感器节点的位置不能预先被精确设定，预先也不知道节点之间的邻居关系，例如，飞机播撒大量传感器节点到面积广阔的原始森林中，或随意放置到危险或人不可到达的区域。这就要求传感器节点具有自组织能力，能够自动进行配置和管理，通过拓扑控制机制和网络协议自动形成转发监测数据的多跳无线网络系统。在使用传感器网络的过程中，部分传感器节点由于能量耗尽或环境因素传输失效，也有一些传感器节点为了替补失效节点、增加监测准确度而补充到网络中，这样在传感器网络中的节点个数就会动态地增加或减少，从而使网络的拓扑结构随之动态地发生变化。传感器网络的自组织能力要能够适应这种网络拓扑结构的动态变化。

（3）多跳路由

网络中的节点通信距离有限，一般在几十米到几百米的范围内，节点只能与它的邻居节点直接通信。节点如果希望与其射频覆盖范围之外的节点进行通信，则需要通过中间节点转接路由。网络的多跳路由是使用网关和路由器来实现的，而无线传感器网络中的多跳路由是由普通网络节点完成的，没有专门的路由设备。这样每个节点既可以是信息的发起者，也可以是信息的转发者。

（4）动态性网络

传感器网络的拓扑结构可能因为以下因素而发生改变：一是环境因素或电能耗尽造成的传感器节点出现故障或失效；二是环境条件变化可能造成无线通信链路带宽变化，甚至时断时通；三是传感器网络的传感器、感知对象和观察者这 3 个要素具有移动性；四是新节点的加入要求传感器网络系统能够适应这种动态变化，具有可重构的动态系统。

（5）可靠的传感器网络

可靠的传感器网络适合被部署在环境恶劣或人不可到达的区域，传感器节点可能在露天环境中工作，经受暴晒或风吹雨淋，甚至可能遇到无关人员或动物的破坏。传感器节点往往采用随机部署的方式，例如，通过飞机播撒或发射"炮弹"（传感器节点）到指定区域。这些都要求传感器节点非常坚固，不易损坏，适应各种恶劣的环境条件。由于监测区域环境的限制以及传感器节点数目巨大，人工不可能监测到每个传感器节点，所以网络维护困难甚至是不可维护。传感器网络的通信保密性和安全性也很重要，要防止监测数据被盗取和获取伪造的监测信息。因此，传感器网络的软硬件必须具有鲁棒性和容错性。

（6）以数据为中心的网络

传感器网络是任务型网络，脱离传感器网络谈论传感器节点是没有意义的。传感器网络中的节点采用节点编号标志，对节点进行编号唯一取决于网络通信协议的设计。由于传感器节点随机部署，所以其构成的传感器网络与节点编号之间的关系是完全动态的，表现为节点编号与节点位置没有必然的联系。用户使用传感器网络查询事件时，能够直接将所关心的事件通告给网络，而不是通告给某个确定编号的节点。网络在获得指定事件的信息后汇报给用户。这种以数据本身作为查询对象或传输线索的思想更接近于自然语言交流的习惯。因此我们通常说传感器网络是一个以数据为中心的网络。例如，在应用于目标跟踪的传感器网络中，跟踪目标可能出现在任何地方，对目标感兴趣的用户只关心目标出现的位置和时间，并不关心哪个节点监测到了目标。事实上，在目标移动的过程中，必然是由不同的节点来提供目标的位置消息。

（7）应用相关的网络

传感器网络可用来感知客观的物理世界，获取物理量。客观世界的物理量多种多样，不同的传感器网络应用需要不同的物理量，因此这对传感器的应用系统也有多种多样的要求。不同的应用背景对传感器网络的要求不同，其硬件平台、软件系统和网络协议必然会有很大的差别。传感器网络不能像互联网一样，有统一的通信协议平台。

虽然不同的传感器网络应用存在一些共性问题，但在开发传感器网络的应用中，更关心传感器网络之间的差异。只有让系统更贴近应用，才能搭建出高效的目标系统。针对每一个具体应用来研究传感器网络技术，这是传感器网络设计不同于传统网络的显著特征。

4. 通信协议

通信协议又称通信规程，是指通信双方对数据传送控制的一种约定。约定包括对数据格式、同步方式、传送速度、传送步骤、检验纠错方式，以及控制字符定义等问题做出统一的规定，通信双方必须共同遵守，一般我们称之为协议（protocol），而在网络上负责定义资料传输规格的协议，我们统称为通信协议。每个网络使用的通信协议都不太一样，我们以互联网为例，当资料要被传送到互联网上时，就必须要使用互联网的通信协议。

我们将从物理层协议、数据链路层协议、传输层协议和应用层协议4个方面对无线传感器网络通信协议进行介绍。

（1）物理层协议

物理层协议研究无线传感器网络采用的传输媒体、频段选择和调制方式，目前主要采用的传输媒体有无线电和红外线等，目前无线电传输是主流方式，但是需要解决频段选择、节能的编码以及调制算法设计3个方面的问题。与无线电传输相比，红外线传输不需要复杂的调制和解调机制，接收器电路也比较简单，并且单位传输功耗较小，但是这种传输方式不能够穿透非透明物体，只能在一些特殊的分布式无线传感器网络（Distributed Sensor Networks，DSN）系统中使用。

（2）数据链路层协议

数据链路层协议主要应用于拓扑生成和信道接入。拓扑生成分为平面结构和层次结构，在平面结构中所有的网络节点处于平等地位，是不存在任何等级和层次差异的，也可以称为对等式结构，这种结构比较简单，不用进行任何结构的维护工作，也不容易产生瓶颈效应，具有较好的鲁棒性。层次结构和平面结构是相互对应的，层次结构的拓展性比较好，并且便于管理。信道接入方式有三类，分别是固定分配类、随机竞争类以及混合类。

（3）传输层协议

DSN自身在通信可靠性方面存在一定的弱点，导致在实现传输层协议的传输控制时面临较大的困难，目前对于传输控制的研究主要集中在错误恢复机制方面，并且这方面的研究也比较少，如何在拓扑结构和信道质量动态变化的情况下进行数据传输服务，将成为这一行业的研究重点。

（4）应用层协议

应用层协议与具体的应用场合环境密切相关，在具体的设计中是不可以通用的，也就是说必须要针对具体的应用需求进行设计，但是应用层的主要任务是获取数据并且进行初步处理，这是所有场合中应用层的共同点。网络节点实现数据采集计算或传输功能是需要消耗能量的，如果在短时间内不对产生的数据量进行处理而直接传输，那么将会造成网络堵塞，减少网络寿命，也就是说，考虑采用高能效网络通信协议和数据局部处理方法是难以实现的。

5. 应用

目前，无线传感器网络的应用已经扩展到许多民用领域，因为它能够完成传统网络系统无法完成的任务。在民用领域中，无线传感器网络的主要用途可以归纳为以下4个方面。

（1）智能家居

无线传感器网络逐渐普及，促进了信息家电、网络技术的快速发展，家庭网络的主要设备已由单一机向多种家电设备扩展，基于无线传感器网络的智能家居网络控制节点为家庭内部、外部网络的连接及内部网络之间信息家电和设备的连接提供了一个基础平台。

在家电中嵌入传感器节点，节点通过无线网络将家电与互联网连接在一起，无线传感器网络将为人们提供更加舒适、方便和人性化的智能家居环境。用户利用远程监控系统可以实现对家电的远程遥控，也可以通过图像传感设备随时监控家庭的安全情况。利用传感器网络可以建立智能幼儿园，监测儿童的早期教育环境，以及跟踪儿童的活动轨迹。

无线传感器网络利用现有的互联网、移动通信网和电话网将室内环境参数、家电设备的运行状态等信息告知用户，使用户能够及时了解家居内部的情况，并对家电设备进行远程监控，实现家庭内部和外界的信息传递。

无线传感器网络使用户不但可以在任何可以上网的地方，通过浏览器监控家中的水表、电表、煤气表、电热水器、空调、电饭煲等电器仪表及安防系统、煤气泄漏报警系统、外人侵入预警系统等，而且可以通过浏览器设置命令，远程控制家电设备。

这种传感器网络应用了嵌入式技术、传感器技术、短程无线通信技术，有着广泛的用途。它不需要改动现场设施结构，不需要原先任何固定网络的支持，能够快速部署、方便调整，并且具有很好的可维护性和拓展性。

（2）工业应用

无线传感器网络的一些商务应用包括监测设备的疲劳程度、构建虚拟键盘、清单管理、产品质量检测、构建智能办公室、自动化制造环境中的机器人控制与引导、互动玩具、互动博物馆、工厂的过程控制与自动化、灾区监测、智能楼宇、设备诊断、执行器的本地控制以及车辆的防盗系统、车辆的追踪与监控系统等。

（3）环境监测

无线传感器网络的环境应用包括追踪鸟类、昆虫等运动，监测影响农作物、牲畜的环境条件，为大范围的地球探测提供微小工具，进行生化监测，精细农业、海洋、陆地、大气环境中的生物探测，森林火灾监测，环境的生物复杂性勘测，洪水监测等。

（4）医疗护理

无线传感器网络为未来的远程医疗提供了更加快捷的技术实现手段。无线传感器网络的医疗应用包括患者的综合监测、诊断，医院的药品管理，对人体生理数据的无线监测，在医院中对医护人员和患者进行追踪和监控。

（5）军事应用

在军事应用中，与独立的卫星和地面雷达相比，无线传感器网络的潜在优势表现在以下3个方面。

① 分布节点中多角度和多方位信息的综合有效提高了信噪比。这是卫星和雷达这类独立系统难以克服的技术问题之一。多种技术的混合应用有利于提高探测的性能。多节点联合形成覆盖面积较大的实时探测区域。借助于个别具有移动能力的节点实现对网络拓扑结构的调整，可以有效消除探测区域内的阴影和盲点。

② 网络成本低、较多冗余的设计原则为整个系统提供了较强的容错能力。

③ 当节点与目标的距离缩小时，减少了环境噪声对系统性能的影响。

无线传感器网络还被应用于其他领域，对于危险的工业环境，例如，矿井、核电厂等，工作人员可以通过它来实施安全监测，也可以在交通领域作为车辆监控的有力工具。目前，无线传感器网络技术尽管仍处于初步应用阶段，但已经展示出了非凡的应用价值，相信随着相关技术的发展和推进，一定会得到更多的应用。

本节小结

① 嵌入式系统是一种软件和硬件的综合体，它主要以应用为中心，以计算机系统为基础，软硬件均可增减，以适应对功能、可靠性、成本、体积、功耗等严格要求的专用计算机系统。

② 嵌入式系统一般由嵌入式微处理器、外围硬件设备、嵌入式操作系统和应用程序4个部分组成。

③ 中间件是一种连接软件组件和应用的计算机软件，它能够实现底层的硬件设备与应用系统之间的数据传输、过滤和数据格式转换。中间件使用系统软件所提供的基础服务，连接网络上的应用系统的各个部分或者不同的应用，从而达到资源共享、功能共享的目的。中间件的核心模块主要包括事件管理系统、实时内存事件数据库和任务管理系统。

④ 云计算是分布式计算的一种，具体是指通过网络"云"将巨大的数据计算处理程序分解成无数个小程序，然后通过多部服务器组成的系统对这些小程序进行处理和分析，得到结果并返回给用户。

⑤ 数据库是按照数据结构组织、存储和管理的数据仓库，是一个长期存储在计算机内的、有组织的、可共享的统一管理的大量数据的集合。

⑥ 无线传感器网络是由若干具有无线通信功能的传感器节点构成的，它们通过无线通道相连，自组织地构成网络系统，是一种分布式传感网络，它的末梢是可以感知和检查外部世界的传感器。传感器的组成包括敏感元件、转换元件和转换电路。

习题

① 嵌入式结构的特点包括哪几项？

② 请简述中间件结构的事件管理系统。

③ 请简述云计算的工作原理。

④ 市场上主流的关系型数据库有哪些？

⑤ 无线传感器网络有哪些特点？

1.4 网络

学习要求

① 掌握网络技术的分类和模型，了解网络技术的常见协议。

② 了解 IEEE 802.15.4 技术标准的特征。

③ 掌握有线通信技术中的各种常见类型的相关知识。

④ 掌握无线通信技术中的各种常见类型的相关知识。

本节框架

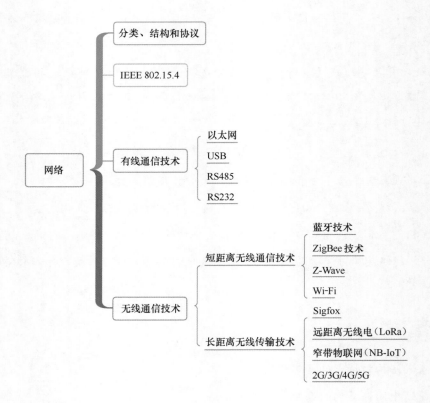

1.4.1 分类、结构和协议

网络表示诸多对象及对象之间的联系，由若干个节点和连接这些节点的链路构成。其中，链路是指无源的点到点的物理连接，在有线通信中，链路是指两个节点之间的物理线路。

在计算机领域中，网络是传输、接收、共享信息的虚拟平台，它把各个点、面、体的信息联系起来，从而实现资源共享。随着网络技术的发展，现在网络已经渗透到人们的生活、工作、学习中。计算机网络系统可以被简单地理解为多台计算机互连以实现资源共享和信息传递的系统，但是随着技术的进步和发展，计算机网络的内涵也在不断发生着变化。

1. 计算机网络分类

计算机网络可以被用来提供大量的服务，既可以服务公司，也可以服务个人。计算机网络根据分类依据的不同，可以划分为以下类别。

依据覆盖范围，计算机网络分为个域网（Personal Area Network，PAN）、局域网（Local Area Network，LAN）、城域网（Metropolitan Area Network，MAN）、广域网（Wide Area Network，WAN）。这些网络的传输距离、应用范围、相关技术各有不同。典型的计算机网络分类见表1-4。

表1-4 典型的计算机网络分类

	传输距离（数量级）	相关技术
PAN	1m	蓝牙（Bluetooth）、红外（Infra-Red，IR）
LAN	10m～1km	以太网（Ethernet）、蓝牙、Wi-Fi、ZigBee
MAN	10km	全球微波接入互操作性（World Interoperability for Microwave Access，WiMAX）
WAN	100km～1000km	异步传输模式（Asynchronous Transfer Mode，ATM）、帧中继、同步数字体系（Synchronous Digital Hierarchy，SDH）

（1）个域网

个域网使设备可以在个人之间进行通信，用来连接距离较近的个人数字设备，例如，用蓝牙技术在两台装有蓝牙模块的电子设备之间传输信息或者从笔记本计算机向便携式打印机无线传输数据。这种连接不需要使用电线和电缆。

（2）局域网

局域网是连接有限的计算机的通信网络，虽然它的传输距离比较近，规模较小，一般不超过 10km，但是它的传输速率快，误码率低，传输时延低，而且可以同时使用多种有线技术和无线技术，这种局域网广泛应用于公司或校园等内部环境。

（3）城域网

城域网是介于局域网和广域网之间的一种进行声音和数据传输的网络，通常覆盖一个城市或者地区，覆盖范围从几十千米到上百千米。

（4）广域网

广域网能覆盖大面积的地理区域，通常由许多小型网络联合组成，覆盖几个城市、国家，甚至全球的区域。例如，互联网就是一种广域网。另外，依据网络的内部操作是基于公共设计还是基于特定实体（例如，个人或公司），广域网可以分为开放式网络和封闭式网络（专用网络）。例如，基于传输控制协议/网际协议（Transmission Control Protocol/Internet Protocol，TCP/IP）开放标准的互联网就属于开放式网络，而专用网络的应用受到权限和合约条件（例如，费用）的限制。

网络还可以依据网络拓扑学分为总线形网络、环形网络、星形网络和网状网络等。网络拓扑结构如图 1-11 所示。

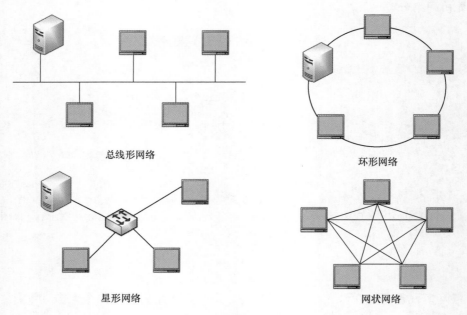

总线形网络　　　　环形网络　　　　星形网络　　　　网状网络

图 1-11　网络拓扑结构

网络拓扑是指用传输媒体互连各种设备的物理布局，在设计布局时，特别要考虑计算机分布的位置以及电缆如何连接它们。我们在设计一个网络时，应根据自己的实际情况选择合适的网络拓扑方式。每种网络拓扑都有自己的优点和缺点。

2. 计算机网络结构

学习计算机网络分类之后，我们现在讨论一下两种重要的网络体系架构：OSI 参考模型（OSI-RM）和 TCP/IP 参考模型。目前，尽管与 OSI 参考模型联系在一起的协议已经很少被使用了，但是 OSI 参考模型本身还是很有借鉴意义的。与之相反，TCP/IP 模型虽然很少使用，但是其协议却得到了广泛应用。

（1）OSI 7 层参考模型

OSI 参考模型已经被许多厂商接受，并成为指导网络发展方向的标准，OSI 参考模型是开放式系统互连（Open System Interconnection，OSI）的简称。OSI 7 层参考模型如图 1-12 所示。

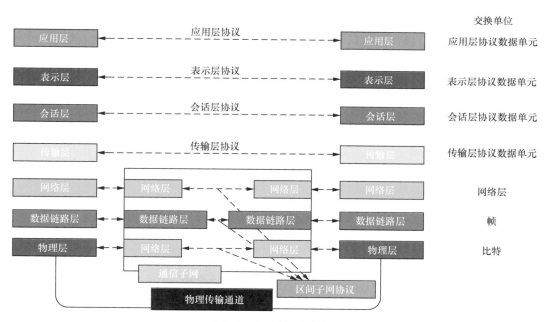

图 1-12 OSI 7 层参考模型

OSI 7 层参考模型从下到上分别为物理层（Physical Layer，PL）、数据链路层（Data Link Layer，DLL）、网络层（Network Layer，NL）、传输层（Transport Layer，TL）、会话层（Session Layer，SL）、表示层（Presentation Layer，PL）和应用层（Application Layer，AL）。层与层之间通过接口联系，上层通过接口向下层提出服务请求，下层通过接口向上层提供服务。当两台计算机通过网络进行通信时，只有物理层可以通过介质直接传输数据，其他层必须通过通信协议才能传输数据。

在 OSI 7 层参考模型中，最下面的 3 层属于通信子网的范畴，主要通过硬件来实现；最上面的 3 层属于资源子网的范畴，主要通过软件来实现；而传输层的作用是屏蔽具体通信细节，使上面的 3 层不需要了解通信过程只需要处理信息。建立 OSI 7 层模型主要是为了解决不同的网络互联互通时所遇到的兼容性问题，帮助不同类型的主机实现数据传输，将服务、接口、协议明确区分开来，简化网络的复杂度，同时也便于故障发生时定位和处理故障。

（2）TCP/IP 参考模型

TCP/IP 是由一组通信协议组成的协议簇，这些协议最早发源于美国国防部高级研究计划管理局（Advanced Research Projects Agency，ARPA）的 ARPAnet 项目。其中，TCP 和 IP 是其中的两个主要协议，它是管理互联网和局域网数据传输的协议，现在已经发展为国际标准。TCP/IP 参考模型也被称为美国国防部模型（Department of Defense Model，DoD）模型。TCP/IP 参考模型分为 4 层，从上而下依次为网络接口层（The Link Layer，TLL）、网络互联层（Internet Layer，IL）、传输层（Transport Layer，TL）和应用层（Application Layer，AL）。OSI 7 层参考模型和 TCP/IP 参考模型有很多相同点，它们是基于一系列独立的协议，传输层以上都是以应用为主导。OSI 7 层参考模型和 TCP/IP 参考模型之间的关系见表 1-5。

表 1-5　OSI 7 层参考模型和 TCP/IP 参考模型之间的关系

OSI 7 层参考模型	TCP/IP 参考模型	TCP/IP 协议簇
应用层	应用层	超文本传输协议（Hyper Text Transfer Protocol，HTTP） 简单邮件传输协议（Simple Mail Transfer Protocol，SMTP） 实时传输协议（Real-time Transport Protocol，RTP） 域名系统（Domain Name System，DNS） 文件传输协议（File Transfer Protocol，FTP） 简单网络管理协议（Simple Network Management Protocol，SNMP）
表示层		
会话层		
传输层	传输层	TCP 用户数据包协议（User Datagram Protocol，UDP）
网络层	网络互联层	IP 互联网控制报文协议（Internet Control Message Protocol，ICMP）
数据链路层	网络接口层	数字用户线路（Digital Subscriber Line，DSL） 同步光纤网络（Synchronous Optical Network，SONET） 802.11 Ethernet
物理层		

TCP/IP 参考模型将 OSI 7 层参考模型缩减为 4 层模型，同时在设计之初考虑了面向连接和无连接的服务，而 OSI 7 层参考模型只考虑了面向连接的服务。TCP/IP 参考模型最初就考虑了多种异构网的互联，而 OSI 7 层参考模型只考虑使用标准的公用数据网将各种不同的系统连在一起。TCP/IP 参考模型有较好的网络管理功能，OSI 7 层参考模型后来才考虑了这一问题。OSI 7 层参考模型的每层功能划分清晰，但层次过多，增加了网络的复杂性。相比之下，TCP/IP 参考模型虽然具有很多优越性，但并不完美。需要说明的是，TCP/IP 参考模型没有清晰区分服务、接口和协议的概念，好的软件工程实践应该将规范和实现方法区分开来，而且它对协议栈的描述不够，相比而言，不如 OSI 7 层参考模型好。另外，TCP/IP 参考模型没有将物理层和数据链路层区分开来，尽管不完美，但其还会在目前的市场中被继续使用。

综上所述，计算机网络是一个复杂的系统，在逻辑上可以分为进行数据处理的资源子网和完成数据通信的通信子网两个部分。通信子网为计算机提供网络通信功能，完成网络终端之间的数据传输、交换、通信控制和信号变换等通信处理工作。例如，中国电信就是通信子网供应商。资源子网负责网络的数据处理业务，向网络用户提供各种网络资源和网络服务。

3. 网络协议

网络协议是指计算机网络中互相通信的对等实体之间交换信息时所必须遵守的规则的集合。通俗地说，网络协议就是网络之间沟通、交流的桥梁，只有相同网络协议的计算机才能进行信息的沟通与交流。这就好比人与人之间交流所使用的各种语言一样，只有使用相同语言才能顺利地进行交流。从专业角度定义，网络协议是计算机在网络中实现通信时必须遵守的约定，也就是通信协议。网络协议主要是对信息传输的速率、传输代码、代码结构、传输控制步骤、出错控制等做出规定并制定一定的标准。

网络协议的 3 个基本要素是语法、语义、时序。这三者的区别有 3 个方面：一是语法即用户数据与控制信息的结构和格式；二是语义即需要发出控制信息，以及完成的动作与做出的响应；三是时序即对事件实现顺序的详细说明。

（1）局域网常用的网络协议

当今网络协议有很多，局域网中最常用的有 3 个网络协议：网络基本输入 / 输出系统用户扩展接口（NetBIOS Enhanced User Interface，NetBEUI）协议、互联网包交换 / 顺序包交换（Internet Packet Exchange/Sequential Packet Exchange，IPX/SPX）协议和 TCP/IP 协

议。用户可以根据实际需要来选择合适的网络协议。

① NetBEUI 协议是 IBM 于 1985 年提出的。NetBEUI 主要是为 20 ～ 200 个工作站的小型局域网设计的，用于 LanMan 网、Windows For WorkgroUPS 及 Windows NT 网。NetBEUI 是一个紧凑、快速的协议，但 NetBEUI 没有路由能力，不能从一个局域网经路由器到另一个局域网，不能适应较大的网络。如果需要路由到其他局域网，则必须安装 TCP/IP 协议或 IPX/SPX 协议。

② IPX/SPX 协议是由 Novell 公司提出的用于客户 / 服务器相连的网络协议。使用 IPX/SPX 协议能运行通常需要 NetBEUI 支持的程序，通过 IPX/SPX 协议可以跨过路由器访问其他网络。IPX/SPX 具有强大的路由功能，适合于大型网络。

③ TCP/IP 是互联网采用的一种标准网络协议。每种网络协议都有自己的优点，但是只有 TCP/IP 允许与互联网完全连接，互联网的普遍性是 TCP/IP 至今仍然被使用的原因，TCP/IP 是这三大协议中最重要的一个，作为互联网的基础协议，任何和互联网有关的操作都离不开 TCP/IP。TCP/IP 也是这三大协议中配置起来比较烦琐的一个，通过局域网访问互联网时，需要详细设置 IP 地址、网关、子网掩码、DNS 服务器等参数。

具体的协议规定了这个协议具体的功能，它是哪一层以及是哪个协议之上的协议，各个设备之间传递的时候需要多少种报文，每种交互的报文是什么格式的，又在各自的设备中以什么规则处理这些报文，处理后如何再交互，以多长时间间隔发送报文或以什么条件触发这些报文。

（2）协议的使用建议

① 根据网络条件选择。如果网络存在多个网段或要通过路由器相连时，就不能使用不具备路由和跨网段操作功能的 NetBEUI 协议，而必须选择 IPX/SPX 协议或 TCP/IP 等。

② 尽量减少协议种类。一个网络中尽量只选择一种通信协议，协议越多，占用计算机的内存空间就越多，影响了计算机的运行速度，不利于网络的管理。

③ 注意协议的版本。每个协议都有其发展和完善的过程，因而会出现不同的版本，每个版本的协议都有其最合适的网络环境。在满足网络功能要求的前提下，我们应尽量选择版本最新的通信协议。

④ 协议的一致性。如果要让两台实现互联的计算机进行对话，它们使用的通信协议必须相同。否则，中间需要一个"翻译"进行不同协议之间的转换，不仅影响了网络通信的效率，同时也不利于网络的安全和稳定运行。

1.4.2　IEEE 802.15.4

IEEE 802.15.4 是一种定义了低速率无线个域网（Low Rate Wireless Personal Area Network，LR-WPAN）的技术标准。它规定了 LR-WPAN 的物理层（PHY）和数据链路层的 MAC 子层，提供一个基本较低的网络层，基本框架设计了只有 10m 左右的通信范围，传输速率最高为 250kbit/s，它是 ZigBee 的基础。ISA100.11a、WirelessHART、MiWi、6LoWPAN、线程和 SNAP 规范通过开发 IEEE 802.15.4 中未定义的上层进一步扩展标准。IEEE 802.15.4 网络协议栈基于 OSI 模型，每一层能实现一部分通信功能，并向高层提供服务。PHY 层由射频收发器以及底层的控制模块构成，MAC 子层为高层访问物理信道提供点到点通信的服务接口。

例如，网线的水晶头的大小外观是什么样的，内部 8 根线颜色的分配顺序，以及每根线代表什么，都是有具体规定的（目前，水晶头只用到了 4 根，其中两根用于发送数据，另外两根用于接收数据），这就是一个技术标准。IEEE 802.15.4 标准是一个基础标准，很多新版本的协议标准是在这个标准基础之上建立的。

IEEE 802.15.4 主要的应用场合是自动化控制及无线传感器网络。IEEE 802.15.4 定义了两个物理层标准，即 2.4GHz 物理层和 868/915MHz 物理层，这两个物理层都是基于直接序列扩频（Direct Sequence Spread Spectrum，DSSS），使用相同的物理层数据包格式。二者的区别在于工作频率、调制技术、扩频码片长度和传输速率不同，2.4GHz 波段全球统一，868MHz 为欧洲波段，915MHz 为美国波段。

1.4.3　有线通信技术

1. 以太网

以太网是一种计算机局域网技术，是目前应用最普遍的局域网技术之一。IEEE 制定的 IEEE 802.3 给出了以太网的技术标准，以太网是基于网络上无线电系统多个节点发送信息的想法实现的，每个节点必须取得电缆或者信道才能传送信息，有时也叫以太（源于电磁辐射可以通过光以太来传播，后来证明光以太不存在），每一个节点有全球唯一的 48 位地址（制造商分配给网卡的 MAC 地址）来保证以太网上所有系统能互相鉴别。

（1）以太网的标准和分类

IEEE 802.3 定义了两个类别的以太网标准：一个是基带；另一个是宽带。以太网可分为 10Mbit/s 以太网、百兆以太网（快速以太网）、千兆以太网（Gigabit Ethernet）、万兆以太网、十万兆以太网。以太网的标准和分类见表 1-6。

表 1-6　以太网的标准和分类

以太网的标准	传输介质	最大传输距离	标准	特点
10Base5	同轴电缆	500m	802.3	连接计算机多达 100 台
10Base2	同轴电缆	185m	802.3a	布线方便，成本较低
10Base-T	3、4、5 类双绞线	100m	802.3i	集线器和交换机连接节点
10Base-F	光纤（多模）	2000m	802.3i	传输速率快
100Base-T4	双绞线	100m	802.3u	使用三类非屏蔽双绞线
100Base-TX	双绞线	100m	802.3u	全双工速度达到 100Mbit/s
100Base-FX	光纤	2000m	802.3u	全双工长距离传输
1000Base-SX	光纤	550m	802.3z	多模光纤
1000Base-LX	光纤	5000m	802.3z	单 / 多模光纤
1000Base-CX	两对屏蔽双绞线	25m	802.3z	STP
1000Base-T	四对非屏蔽双绞线	100m	802.3ab	五类 UTP
10GBase-SR	光纤	300m	802.3ab	短距离多模光纤
10GBase-LR	光纤	10km	802.3ab	单模光纤
10GBase-ER	光纤	40km	802.3ab	单模光纤
10GBase-T	四对非屏蔽双绞线	100m	802.3ab	六类双绞线
40GBase-SR4/10	光纤	100m	802.3ba	多模光纤
40GBase-LR4/10	光纤	10km	802.3ba	单模光纤
100GBase-ER4	光纤	10/40km	802.3ba	单模光纤

（2）以太网的传输介质和协议

以太网可以采用多种连接介质，包括同轴电缆、双绞线、光纤等。其中，同轴电缆作为早期的布线介质已经逐渐被淘汰；双绞线多用在主机到集线器或交换机之间的连接；光纤则主要用于交换机间的级联和交换机到路由之间的连接。通过传输介质，以太网采用带冲突检测的载波侦听多路访问（Carrier Sense Multiple Access with Collision Detection，CSMA/CD）技术进行数据传输。

载波监听（Carrier Sensor，CS）指在发送数据之前监听线路，以确保线路空闲，减少冲突机会。

多址访问（Multiple Access，MA）指每个站点发送的数据可以同时被多个站点接收。

冲突检测（Collision Detection，CD）指在发送信号时，边发送边检测，发现冲突就停止发送，然后延迟一个随机时间后继续发送。检测原理是由于两个站点同时发送信号，经过叠加后，会使线路上的电压波动值超过正常值一倍，据此判断冲突的发生。

CSMA/CD 规定了多台计算机共享一个信道的方法，当某台计算机需要发送信息时，必须遵守以下规则。

① 开始：如果线路空闲，则启动传输，否则转到第④步。

② 发送：如果检测到冲突，则继续发送数据直到达到最小报文时间（保证所有其他转发器和终端检测到冲突），再转到第④步。

③ 成功传输：向更高层的网络协议报告发送成功，退出传输模式。

④ 线路忙：等待，直到线路空闲。

⑤ 线路进入空闲状态：等待一个随机的时间，转到第①步，除非超过最大尝试传输次数。

⑥ 超过最大尝试传输次数：向更高层的网络协议报告发送失败，退出传输模式。

由于所有的通信信号都在共享线路上传输，所以即使信息只是想发给其中的一个终点（Destination），也会使用广播的形式发送给线路上的所有计算机。在正常情况下，网络接口卡会滤掉不是发送给自己的信息，只有接收到目标地址是自己的信息时才会向CPU发出中断请求，除非网卡处于混杂模式（Promiscuous Mode）。由于以太网上的一个节点可以选择是否监听线路上传输的所有信息，所以这种"一个说，大家听"的特质是共享介质以太网在安全上的弱点。共享电缆也意味着共享带宽，在某些情况下以太网的速度可能会非常慢，例如，在发生电源故障后，所有的网络终端都需要重新启动。

2. USB

通用串行总线（Universal Serial Bus，USB）是一个外部总线标准，用于规范计算机与外部设备的连接和通信，是应用在个人计算机领域的接口技术。USB2.0 的速率可达 480Mbit/s，USB3.0 的速率可达 5Gbit/s。目前，多数硬盘、U 盘接口采用的是 USB3.0，速度已经非常快。虽然现在 USB 已经发展到 USB4.0，但是目前主要被使用的还是 USB3.0。

（1）结构

USB 采用四线电缆（内部有 4 根线），其中，两根是用来传送数据的串行通道，另外两根为下游（Downstream）设备提供电源。需要注意的是，对于任何已经成功连接且相互识别的外设，将以双方设备均能够支持的最高速率进行数据传输。

（2）连接

如果你新买一个鼠标，插在计算机上停顿几秒就可以使用，那是因为这个计算机系统自带USB2.0或者USB3.0驱动程序并且在检测到有USB设备插入时，自动安装了驱动程序。如果你新买了一台打印机，同样是USB接口，但是你连上计算机后并不能直接使用，这是因为你的计算机中缺少主机控制器的驱动程序（Host Controller Driver，HCD），它位于主机控制器与USB系统软件之间，必须有这个驱动程序才可以通过USB连接设备和主机。

3. RS485

RS485是一种串行传输的标准，是一个定义平衡数字多点系统中的驱动器和接收器的电气特性的标准，该标准由IEEE定义。RS485采用半双工工作方式，支持多点数据通信。RS485有两线制和四线制两种接线方式。其中，四线制只能实现点对点的通信，需要两根通信线和两根供电线，现在很少采用这种方式。目前，大多采用的是两线制接线方式。两线制的特性为无极性接线任意拓扑，可避免在施工中因为接错线而造成通信不畅等问题。在RS485通信网络中，一般采用的是主从通信方式，即一个主机带多个从机。

我们以MAX485——美信（Maxim）公司的这一款常用的RS485转换器为例进行讲解。RS485通信的工作原理如图1-13所示。其中，图1-13中的5脚和8脚是电源引脚；6脚和7脚就是RS485通信中的A和B两个引脚；1脚和4脚分别接到单片机的RXD和TXD引脚上，直接使用单片机UART进行数据接收和发送；2脚和3脚是方向引脚，这里的2脚是低电平使能接收器，3脚是高电平使能输出驱动器。我们把2脚和3脚连到一起，平时不发送数据的时候，保持这两个引脚是低电平，让MAX485处于接收状态，当需要发送数据的时候，把这个引脚拉高，发送数据，发送完毕后再拉低这个引脚。为了提高RS485的抗干扰能力，需要在靠近MAX485的A引脚和B引脚之间并接一个电阻，这个电阻的阻值从100Ω到1000Ω均可。

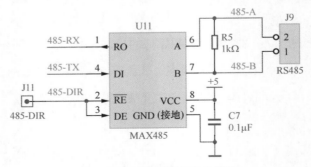

图1-13　RS485通信的工作原理

4. RS232

（1）RS232 的定义

RS232 是个人计算机上的通信接口之一，是电子工业协会（Electronic Industries Association，EIA）制定的异步传输标准接口。RS232 的特点是采用直通方式、双向通信、基本频带、电流环方式、串行传输。RS232 数据通信设备（Data Communication Equipment，DCE）（9 针母头）和数据终端设备（Data Terminal Equipment，DTE）（9 针公头）之间采用的是全双工通信。

RS232 引脚定义如图 1-14 所示。

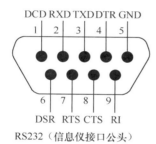

1	DCD	数据载波检测
2	RXD	接收数据
3	TXD	发送数据
4	DTR	数据终端准备好
5	GND	信号地线
6	DSR	数据准备好
7	RTS	请求发送
8	CTS	清除发送
9	RI	响铃指示

图 1-14 RS232 引脚定义

（2）RS232 与 RS485 通信的区别

① 信号电平值不同。RS232 接口的信号电平值较高，易损坏接口电路的芯片。RS485 接口信号电平比 RS232 低，不易损坏接口电路的芯片。

② 与 TTL 电平兼容性不同。RS232 接口与 TTL 电平不兼容，需要使用电平转换电路方能与 TTL 电路连接。RS485 接口与 TTL 电平兼容可以直接连接电路。

③ 传输速率不同。RS232 接口传输速率较低，在异步传输时，传输速率为 20kbit/s。RS485 的数据最高传输速率为 10Mbit/s。

④ 传输形式不同。RS232 接口使用一根信号线和一根信号返回线而构成共地的传输形式。RS485 接口采用平衡驱动器和差分接收器的组合。

⑤ 抗噪声干扰性能不同。RS232 接口单信号线和单返回线的共地传输结构容易产生共模干扰，抗噪声干扰性弱。RS485 接口平衡驱动器和差分接收器的组合，抗共模干扰能力增强，抗噪声干扰性好。

⑥ 最大传输距离不同。RS232 接口的最大传输距离标准值为 1524cm。RS485 接口的最大传输距离标准值为 1219.2m。

⑦ 连接收发器不同。RS232 接口只允许连接 1 个收发器，即具有单站能力。RS485 接口总线上允许连接多个收发器，数量可达 128 个，即具有多站能力，这样用户可以利用单一的 RS485 接口方便地建立起设备网络。RS485 通信程序和 RS232 通信程序类似，只不过 RS485 支持一对多通信，所有设备的通信都由主机控制。例如，RS232 串口通信就是两个人通过电话通信，也就是只能点对点通话；而 RS485 就好像是一位教师在教室里和很多学生交谈，当教师（主控设备）点名（点到某一个 RS485 地址码）要求对应的学生（从设备）回答问题，这名学生如果没有翘课（从设备发生故障或通信故障），就应该站起来回答问题。在老师点名学生回答问题的过程中，只有一个人发言，因为 RS485 总线有这样的仲裁机制，所以才可以实现点到多点的通信，而 RS232 没有这种机制。

1.4.4　无线通信技术

近年来，随着电子技术、计算机技术的发展，无线通信技术也在蓬勃发展，出现了各种标准的无线数据传输标准，它们各有其优缺点和不同的应用场合。

常见的无线通信（数据）传输方式与技术分为两种：短距离无线通信技术和长距离无线传输技术。

1. 短距离无线通信技术

（1）蓝牙技术

① 蓝牙的概念

蓝牙（Bluetooth）是一种无线数据和语音通信开放的通信技术标准，支持设备在短距离（10m 左右）之间通信的无线通信技术。蓝牙能在包括移动电话、无线耳机、笔记本计算机、相关外部设备等众多设备之间进行无线信息交换。蓝牙技术能够有效地简化移动通信终端设备之间的通信，也可以成功地简化设备与互联网之间的通信，从而使数据传输更迅速和高效。

② 蓝牙技术的系统参数和技术指标

蓝牙技术的系统参数和技术指标见表 1-7。

表1-7 蓝牙技术的系统参数和技术指标

系统参数和技术指标	说明
工作频段	工业科学医学（Industrial Scientific Medical, ISM）频段 2.402GHz～2.408GHz
双工方式	全双工 分时双工（Time Division Duplexing, TDD）
业务类型	支持电路交换和分组交换业务
数据传输速率	1Mbit/s
非同步信道速率 / (kbit/s)	21/57.6（非对称连接），432.6（对称连接）
同步信道速率	64kbit/s
功率 /mW	美国为 1 [美国联邦通信委员会（Federal Communications Commission, FCC）要求低于 0dBm]，其他国家为 100
跳频频率数 / 个频点	79MHz
跳频频率	1600Hz
工作模式	PAPK/HOLO/SNFF/ACTIVE
数据连接方式	SCO/ACT
纠错方式	1FEC/3、2FEC/3、ARQ
认证	竞争—应答方式
信道加密	0 位、40 位、60 位密钥
语音编码方式	CSVD
发射距离	10～100m

　　蓝牙产品采用低能耗无线电通信技术来实现语音、数据和视频传输，其传输速率最高为 1Mbit/s，以时分方式进行全双工通信，通信距离为 10m 左右，如果配置功率放大器，则可以进一步延长通信距离。时分双工是一种通信系统的双工方式，在移动通信系统中用于分离接收与传送信道。

　　时分双工的优点：能高效灵活地利用所有可用的带宽；可动态分配上下行链路的容量，实现资源分配的灵活性；上下行链路的一致性较好；在对移动台的发射功率进行控制时，可用开环功率控制来取代较为复杂的闭环功率控制。

　　时分双工的缺点：TDD 系统所提供的移动性和覆盖有限。

　　蓝牙采用分散式网络结构以及快跳频和短分组技术，支持点对点及点对多点通信，工作在全球通用的 2.4GHz 频段，数据传输速率为 1Mbit/s。蓝牙具有低成本、近距离的无线通信特征，构成固定与移动设备通信环境中的个人网络，使近距离内各种设备能够实现无缝资源共享。这种通信技术与传统的通信模式有明显的区别，它的初衷是希望以相同成本和安全性实现一般电缆的功能，从而使移动用户摆脱电缆的束缚。由此决定了蓝牙技术具备以下特性：能传送语音和数据；使用频段具有一定的连接性、抗干扰性和稳定性；低成本、低功耗和低辐射；安全性；拥有网络的特性。

③ 蓝牙协议

蓝牙协议体系中的协议按特别兴趣小组（Special Interest Group，SIG）的关注程度分为 4 层。

第一层：核心协议，包括基带（Base Band，BB）协议、链路管理协议（Link Management Protocol，LMP）、逻辑链路控制适配协议（Logical and Link Controller Adaption Protocol，L2CAP）、服务发现协议（Service Discovery Protocol，SDP）。

第二层：串行线性仿真协议（Radio Frequency Communications，RFCOMM）。

第三层：电话控制协议（Telephony Control protocol Spectocol，TCS）。

第四层：选用协议，包括点对点协议（PPP）、网际协议（IP）、传输控制协议（TCP）、用户数据报协议（UDP）、对象交换（Object Exchange，OBEX）协议和无线应用协议（Wireless Application Protocol，WAP）、电子名片（vCard）和电子日历（vCal）协议。

除上述协议层之外，规范还定义了主机控制器接口（Host Controller Interface，HCI），它为基带控制器、连接管理器、硬件状态和控制寄存器提供命令接口。蓝牙的核心协议由 SIG 制订的蓝牙专用协议组成，绝大部分蓝牙设备需要核心协议（加上无线部分），而其他协议则根据应用的需要而定。

④ 蓝牙的连接方式及应用

蓝牙设备在通信之前，必须进行匹配，以使其中一个设备发出的数据信息只会被另一个被允许的设备接收。蓝牙技术将设备分为两种：装有主蓝牙模块的设备（主设备）和装有从蓝牙模块的设备（从设备）。主设备有输入端，在较早时期匹配时，用户通过输入端输入随机的匹配密码来匹配两个设备，蓝牙手机、装有蓝牙模块的个人计算机（Personal Computer，PC）等是主设备。例如，蓝牙手机与蓝牙计算机匹配时，用户可在蓝牙手机上任意输入一组数字，再在蓝牙计算机上输入相同的一组数字，实现两台设备之间的匹配。从设备一般不具备输入端，设备在出厂时，在其蓝牙芯片中固化一个 4 ~ 6 位数字的匹配密码，蓝牙耳机、蓝牙鼠标属于从设备。例如，蓝牙计算机与蓝牙鼠标匹配时，用户将鼠标上的蓝牙匹配密码输入蓝牙计算机，实现二者之间的匹配。主设备之间、主从设备之间可匹配，但从设备之间无法匹配。1 个主设备可匹配 1 个或多个从设备，例如，1 个蓝牙手机可匹配 7 台蓝牙设备，而一台蓝牙计算机可匹配 10 多个蓝牙设备。随着科技的发展，现在的蓝牙多数已经不需要配对密码就可以连接，并且如果两台设备之前连接过，再次连接时会自动连接（确保设备是开着的），要注意同一时间，蓝牙设备之间只支持点对点通信。

蓝牙技术采用分散式网络结构，支持点对点及点对多点通信，采用时分双工传输方案实现全双工传输，能在近距离内将几台数字化设备（例如，数字照相机、数字摄像机、各种家电与自动化设备等）无线组网。

⑤ 蓝牙技术的优势

a. 全球可用。目前，蓝牙设备已经得到普及，许多制造商在其产品中积极应用蓝牙技术。蓝牙设备运行的 2.4GHz 频段为无须申请许可证的频段，不用支付相关费用。

b. 设备多样。集成蓝牙技术的产品从手机、汽车到医疗设备等，用户可以是消费者、服务机构到生产企业等。低功耗、小体积及低成本的芯片解决方案使其可用于微小的设备中。

c. 易于使用。蓝牙是一项即时通信技术，它不要求固定的基础设施，易于安装和设置。用户只须检查配置，将其连接至使用同一配置文件的蓝牙设备即可，后续个人识别密码（Personal Identification Number，PIN）流程就像操作自动取款机一样简单。

d. 规格通用。蓝牙是当今市场上支持最广、功能最丰富且安全的无线通信方式之一，全球范围内的认证程序可测试各成员的产品是否符合标准。

⑥ 蓝牙的应用场所

a. 居家。蓝牙设备可使居家办公更轻松，还能使家庭娱乐更便利。用户可在 10m 内无线控制个人计算机或苹果播放器中的音频文件。蓝牙还可用在适配器中，实现从相机、手机、掌上计算机（Personal Digital Assistant，PDA）等设备向电视机发送照片等功能。

b. 办公室。在传统办公室中，各种电线纠缠在一起，蓝牙技术可使室内各类设备无线连接，用户启用蓝牙设备便能创建即时网络，通过连接各种设备，创建智能办公环境。

c. 途中。蓝牙手机、iPad 等均能在旅途中免费通信，让用户在热点范围或有线连接之外仍能与互联网连接。各类便携设备可通过蓝牙手机和移动网络连接到互联网，即使在路途中也能高效工作。目前，应用最广的有手机蓝牙耳机、车载免提蓝牙话筒等。同时，蓝牙耳机的电磁波辐射量比手机低，减少了电磁波对人体的辐射。

d. 娱乐。内置蓝牙技术的游戏设备能让用户在地下通道、机场、公交车上或起居室中开展游戏竞技，可供用户随时使用音视频文件等。

（2）ZigBee 技术

① ZigBee 简介

ZigBee 是基于 IEEE 802.15.4 标准的低功耗局域网协议。根据国际标准规定，ZigBee 技术是一种短距离、低功耗的无线通信技术。它的工作流程为设备终端的数据→协调器或路由器（网关）→微控制单元（Micro Controller Unit，MCU）（主控制器驱动相应硬件动作）。

② ZigBee 无线数据传输网络

ZigBee 无线数据传输模块类似于移动网络基站，通信距离从标准的 75 米到几百米、几千米，并且支持无限扩展，ZigBee 无线数据传输网络由多达 65000 个无线数据传输模块组成的无线数据传输网络平台。在整个网络范围内，每个 ZigBee 网络数据传输模块之间可以相互通信，实现点到点、点到多点通信（目前，市场上有很多这样的数据传输模块）。

在交换数据的网络中，一个 ZigBee 网络由一个协调器节点、若干个路由器和一些终端设备节点构成。

协调器的角色主要是启动并设置一个网络，一旦完成这一工作，协调器将以一个路由器节点的角色运行，只是网路地址为 0×0000，以此来识别协调器与路由器。协调器网络会嵌入网关，并和网关一起管理数据信息，必要时，还要上传相关的信息到后台服务器。

路由器允许其他设备加入网络，即把不同网络或网段之间的数据信息进行"翻译"，以使它们能够相互"读"懂对方的数据，从而构成一个更大的网络，路由器有两大典型功能：数据通道功能和控制功能。其中，数据通道功能包括转发决定、背板转发以及输出链路调度等，一般由特定的硬件来完成；控制功能一般用软件来实现，包括与相邻路由器之间的信息交换、系统配置、系统管理等。

终端设备节点可以是控制器 MCU 或者传感器。每个 ZigBee 网络节点不仅本身可以作为监控对象，例如，对其所连接的传感器直接进行数据采集和监控，还可以自动中转其他网络节点传过来的数据资料。此外，每个 ZigBee 网络节点还可以在自己信号覆盖的范围内与多个孤立子节点无线连接。

③ ZigBee 的自组网通信方式

ZigBee 技术所采用的自组网具体是怎么回事？举一个简单的例子就可以说明这个问题。在一组伞兵空降时，每人持有一个 ZigBee 网络模块终端，待他们降落到地面后，只要他们彼此间的网络模块在通信范围内，通过自动寻找，这些模块很快就可以形成一个互联互通的 ZigBee 网络。而且，由于人员的移动，彼此间的联络还会发生变化。因此，模块还可以通过重新寻找通信对象，确定彼此间的联络，刷新原有网络，这就是自组网。

④ ZigBee 的频带

ZigBee 技术主要有 3 种频率与使用范围。

a. 868MHz，传输速率为 20kbit/s，在欧洲使用。

b. 915MHz，传输速率为 40kbit/s，在北美使用。

c. 2.4GHz，传输速率为 250kbit/s，在全球通用。

需要说明的是，这 3 种频率的物理层并不相同，其各自信道带宽也不同，分别为 0.6MHz、2MHz 和 5MHz，分别有 1 个、10 个和 16 个信道。

⑤ ZigBee 性能

a. 数据传输速率。传输速率较低，在 2.4GHz 的频段的传输速率只有 250kbit/s，而且只是链路上的速率，考虑到信道竞争应答和重传等消耗，真正能被应用所利用的传输速率可能不足 100kbit/s，并且余下的传输速率可能要被邻近多个节点和同一个节点的多个应用所分配，因此不适合做视频之类的传输，适用于传感和控制领域。

b. 可靠性。在可靠性方面，ZigBee 的物理层采用了扩频技术，能够在一定程度上抵抗干扰，MAC 层（APS 部分）有应答重传功能，MAC 层的 CSMA 机制使节点发送前先监听信道，可以起到避开干扰的作用。当 ZigBee 网络受到外界干扰而无法正常工作时，整个网络可以动态地切换到另一个工作信道上。

c. 时延。由于 ZigBee 采用随机接入 MAC 层，且不支持时分复用的信道接入方式，所以不能很好地支持一些实时业务。

d. 能耗特性。能耗特性是 ZigBee 的一个技术优势。通常 ZigBee 节点所承载的应用数据传输速率较低，在不需要通信时，节点可以进入很低功耗的休眠状态，此时能耗可能只有正常工作状态下的 1/1000。一般情况下，休眠时间占据了大部分的运行时间，有时正常工作的时间还不到 1/100，因此，ZigBee 能达到很好的节能效果。

e. 组网和路由性（即网络层特性）。ZigBee 具备大规模的组网能力，每个网络可以有 65000 个节点，而蓝牙的每个网络最多占 8 个节点。因为 ZigBee 底层采用了直扩技术，所以如果采用非信标模式，网络就可以扩展得更大，这是因为节点不需要同步，节点加入网络和重新加入网络的过程很快，一般可以做到 1s 以内，甚至更快；而通常蓝牙节点加入网络和重新加入网络则需要 3s。在路由方面，ZigBee 支持可靠性很高的网状路由，因此可以布置在范围很广的网络，并支持广播特性，能够给丰富的应用带来有力的支持。

⑥ ZigBee 技术的优点

a. 低功耗。在低耗电待机模式下，2 节 5 号干电池可支持 1 个节点工作 6 ～ 24 个月，甚至更长时间。这是 ZigBee 的一大优势。相较而言，蓝牙能工作数周，Wi-Fi 可工作数小时。

b. 低成本。通过大幅简化协议（不到蓝牙的 1/10），ZigBee 降低了对通信控制器的要求，按预测分析，以 8051 的 8 位微控制器测算，全功能的主节点需要 32kB 代码，子功能节点少至 4kB 代码，而且 ZigBee 可免去协议专利费。当时，每块芯片的价格大约为 2 美元。

c. 低速率。ZigBee 工作在 20kbit/s ～ 250kbit/s 的较低速率，分别提供 250kbit/s、40kbit/s 和 20kbit/s 的原始数据吞吐率，以满足低速率传输数据的应用需求。

d. 近距离。ZigBee 的传输范围为 10 ～ 100m，在增加射频（Radio Frequency，RF）发射功率后，亦可增加到 1 ～ 3km。这是指相邻节点间的距离。如果通过路由和节点间通信的中继，传输距离将更远。

e. 短时延。ZigBee 的响应速度较快，一般从睡眠转入工作状态只需要 15ms，节点连接进入网络只需要 30ms，进一步节省了电能。相较而言，蓝牙的响应时间需要 3 ～ 10s，Wi-Fi 的响应时间需要 3s。

f. 大容量。ZigBee 可采用星形、树形和网状网络结构，由一个主节点管理若干子节点，一个主节点最多可管理 254 个子节点；同时，主节点还可由上一层网络节点管理，最多可组成 65536 个节点的大网。

g. 安全性强。ZigBee 提供了三级安全模式，包括无安全设定、使用接入控制清单（Access Control Lists，ACL）防止非法获取数据以及采用高级加密标准（AES128）的对称密码，以灵活确定其安全属性。

h. 免执照频段。采用直接序列扩频在 ISM 频段、2.4GHz（全球）、915MHz（北美）和 868MHz（欧洲）。

⑦ ZigBee 典型应用

a. 智能家居和楼宇自动化。通过 ZigBee 网络，用户可以远程控制家中的电器和门窗，以及完成水、电、气的远程自动抄表等；也可以通过 ZigBee 遥控器控制各种家电节点，例如，电灯开关、烟火检测器、抄表系统、无线报警、安保系统、厨房机械等。

b. 消费和家用自动化。通过 ZigBee 联网的家用设备包括电视机、录像机、无线耳机、计算机外设、运动与休闲器械、儿童玩具、游戏机、窗户和窗帘及其他家用电器等。

c. 工业自动化领域。工业自动化利用传感器和 ZigBee 网络，使数据的自动采集、分析和处理更容易，可作为自控辅助系统，例如，危险化学成分检测、火警检测和预报、高速机器的检测和维护等。

d. 医疗监控。借助各种传感器和 ZigBee 网络，准确实时地监测病人的血压、体温和心率等，减少医生查房的工作负担，有助于及时反应，特别是对危重病者的动态监护。

e. 农业领域。传统农业使用孤立、无通信能力的机械设备，依靠人力监测作物的生长状况。采用 ZigBee 传感器网络，农业可转向以信息和软件为中心的生产模式，使用更多的自动化、网络化、智能化的远程控制设备来耕种。传感器可收集土壤湿度、氮浓度、pH 值、降水量、温湿度和气压等信息。这些信息和相应的位置通过网络传输到中央控制设备，供农民参考，这样就能及时发现问题，提高农作物的产量。

无线传输技术性能比较见表 1-8。

表 1-8　无线传输技术性能比较

	蓝牙（802.15.1）	Wi-Fi（802.11）	红外通信协议 [1]（IrDA）	ZigBee（802.15.4）
功耗	较大	大	小	小
电池寿命	较短	短	长	最长
网络节点 / 个	7	30	2	65536
传输距离 /m	10	100	定向 1	1 ～ 100
传输速率	1Mbit/s	11Mbit/s	16Mbit/s	20/250kbit/s
传输介质	2.4GHz 射频	2.4GHz 射频	980nm 红外	2.4GHz 射频

注 1：红外通信协议（Infrared Data Association，IrDA）

（3）Z-Wave

① Z-Wave 的概念

Z-Wave 是由丹麦 Zensys 公司主导的无线组网规格，Z-Wave 是一种新兴的基于射频的、低成本、低功耗、高可靠、适于网络的短距离无线通信技术。Z-Wave 的工作频带为 908.42MHz（美国）[868.42MHz（欧洲）]，采用频移键控（Frequency Shift Keying，FSK）[二进制频移键控（Binary Frequency Shift Keying，BFSK）/ 高斯频移键控（Gauss Frequency Shift Keying，GFSK）] 调制方式，数据传输速率为 9.6kbit/s，信号的有效覆盖范围在室内是 30m，在室外可超过 100m，适合于窄带宽应用场合。

Z-Wave 可将任何独立的设备转换为智能网络设备，从而实现控制和无线监测。Z-Wave 技术在最初设计时定位于智能家居无线控制领域。采用小数据格式传输，40kbit/s 的传输速率足以应对，早期使用的传输速率为 9.6kbit/s。

② Z-Wave 的优点

家用市场主要看重 Z-Wave 的优点是其技术应用的低成本、组网的安全性和易用性。Z-Wave 始终专注于家庭控制应用市场，应用领域明确，结构简单。

Z-Wave 的低成本主要体现在以下 3 个方面。

第一，Z-Wave 的开发成本低。它采用集成化手段，将多种器件集成在单个芯片上，降低了开发成本。

第二，设计安装成本低。在满足家庭控制的基础上，Z-Wave 系统的设计不用像 ZigBee 那样庞大，这就在客观上保证了它的低成本。

第三，使用成本低，即低功耗。由于 Z-Wave 技术在控制及信息交换中的通信量较低，其使用的带宽仅为 9.6kbit/s，这降低了家用设施的运行功耗。

Z-Wave 的覆盖性和稳定性也是直接影响家居无线控制技术应用的重要因素。Z-Wave 具有较强的覆盖能力，主要是基于以下两个因素。

第一，采用小数据格式传输。与同类的其他无线技术相比，Z-Wave 拥有相对较低的传输频率，868MHz 或 908MHz 的 Z-Wave 信号波衍射能力更强，可以绕过障碍物控制相关产品。

第二，Z-Wave 支持网状网络拓扑。该技术集成的动态路由机制让每个 Z-Wave 设备可以将信号从一个设备重传至另一个设备，从而保证高度可靠的传输覆盖整个家庭范围。

在稳定性方面，Z-Wave 是一种双向传输的无线通信技术。该技术不像其他的射频技术一样使用公共频带进行传输，而是采用双向应答式的传送机制、压缩帧格式、随机式的逆演算法，从而减少失真和干扰，确保信息能够稳定地传输。同时，Z-Wave 的动态路由功能和网状拓扑结构能够有效提高信号的传输效率，而点对点为主的通信网络也不会因为一个节点的故障而影响其他节点的工作，进一步保证了其应用的稳定性。

③ ZigBee 与 Z-Wave 的对比

相同点：二者都是短距离无线传输技术，可用于远程监控和控制，应用目标一致。

二者的不同点主要体现在以下 4 个方面。

第一，ZigBee 的通用性远超 Z-Wave，ZigBee 几乎可以配制并实现任何短距离无线功能，主要原因是 ZigBee 的通用模块的芯片较多，并具有抗干扰性。

第二，ZigBee 的频段为 2.4GHz ～ 2.483GHz，速率为 250kbit/s；而 Z-Wave 的频

段为 908.42MHz，速率为 9.6kbit/s ～ 50kbit/s。

第三，ZigBee 的节点寻址达 16bit，其理论值可以达 65536 个节点，远超 Z-Wave，并且 ZigBee 的节点寻址还可以选择 64bit，数量接近无限。

第四，ZigBee 的组网能力较强。

（4）Wi-Fi

① Wi-Fi 的概念

无线保真（Wireless-Fidelity，Wi-Fi）是基于 IEEE 802.11 标准创建的无线局域网技术，由 Wi-Fi 联盟所持有，其目的是改善基于 IEEE 802.11 标准的无线网络产品之间的互通性。Wi-Fi 是目前使用最广泛的一种无线网络传输技术。它将有线网络信号转换为无线信号，只要使用一个无线路由器就可以将有线信号转换为 Wi-Fi 信号，在其电波覆盖范围内都可入网。例如，无线路由器连接了一条非对称数字用户线路（Asymmetric Digital Subscriber Line，ADSL）或其他网线，又被称为热点。Wi-Fi 是一种短程无线传输技术，传输速率可达 54Mbit/s，符合个人和社会信息化的需求。Wi-Fi 无须布线，适合移动办公和家庭用户等的需要，且发射信号功率低于 100mW，小于手机的发射功率。在信号弱或有干扰的情况下，带宽可自动调整为 5.5Mbit/s、2.4Mbit/s 和 1Mbit/s，以保障网络的稳定性和可靠性。在开放区域，Wi-Fi 的通信距离可达 300m；在封闭区域，Wi-Fi 的通信距离为 76 ～ 122m。Wi-Fi 的优点是方便与现有的有线以太网整合，组网的成本更低。

Wi-Fi 信号也是由有线网提供的，例如，家里的 ADSL、小区宽带等，只要接一个无线路由器，就可以把有线信号转换成 Wi-Fi 信号，在家用户可以自己设置局域网就可以无线上网了。我国的许多地方实施了"无线城市"工程。该工程让这项技术得到推广，并且目前许多地方使用 5G 路由器把 5G 信号转为 Wi-Fi 信号再连接到用户设备。

② Wi-Fi 的接入

一般架设无线网络的基本配备就是无线网卡及一台接入设备（Access Point，AP），这样就能以无线的模式配合既有的有线架构来分享网络资源，架设费用和复杂程度远远低于传统的有线网络。AP 就是"无线访问接入点"或"桥接器"，在 MAC 中，它主要扮演无线工作站及有线局域网络的桥梁。对于宽带的使用，Wi-Fi 更显优势，ADSL、小区 LAN 等到户后，连接到一个无线 AP，然后在计算机中安装一块无线网卡即可。

对于无线网络部分的处理，有人直接把 Wi-Fi 部分嵌入印刷电路板（Printed Circuit

Board，PCB)的主板。这样做有一个弊端，如果出现Wi-Fi部分损坏，就要换掉整个主板，代价较大，所以设计模块化的Wi-Fi部分比较适合。一般设计成USB接口，采用3.3～5V供电，外置接收天线用于接收和发送数据。

③ Wi-Fi连接点的网络组成和结构

a. 站点（Station）：网络最基本的组成部分。

b. 基本服务单元（Basic Service Set，BSS）：网络基本的服务单元。最简单的服务单元只由两个站点组成，站点可以动态连接到基本服务单元中。

c. 分配系统（Distribution System，DS）：连接不同的基本服务单元。尽管分配系统使用的媒介逻辑上和基本服务单元使用的媒介在物理上可能是同一媒介，但实际上二者是截然分开的。例如，同一个无线频段。

d. 接入点（AP）：既有普通站点的身份，又有接入分配系统的功能。

e. 扩展服务单元（Extended Service Set，ESS）：由分配系统和基本服务单元组合而成。该组合是逻辑的而非物理的，不同的基本服务单元的地理位置可能相距甚远。分配系统也可以使用各种各样的技术。

f. 关口（Portal）：逻辑成分，其作用是将无线局域网和有线局域网或其他网络联系起来。

④ Wi-Fi的优势与发展趋势

Wi-Fi的优势主要体现在以下3个方面。

第一，覆盖范围广。基于蓝牙技术的电波覆盖范围小，半径仅为15m，而Wi-Fi的半径可达100m。采用最新技术的交换机，能将Wi-Fi无线网络的通信距离扩大到6.5km。

第二，传输速率高。虽然Wi-Fi技术的通信质量不是很好，数据安全性能比蓝牙差一些，传输质量也有待改进，但其传输速率高，能达到54Mbit/s，而且5G Wi-Fi的传输速率可达1Gbit/s。

第三，门槛较低。只要在使用场所设置热点，接入互联网即可。热点可覆盖接入点半径近百米的地方，用户只需要将支持无线LAN的设备放到该区域内，就可将其接入互联网。

Wi-Fi的发展趋势如下。

目前，Wi-Fi是无线接入的主流标准，其缺点也在改进中。在英特尔公司等企业的支持下，Wi-Fi正朝着与之兼容的WiMAX发展。WiMAX具有更远的传输距离、更宽的频段选择以及更高的接入速度等，预计会在未来几年成为无线网络的一个主流标准。

目前，无论是在国内，还是在国外，大量的酒店、商场、机场、车站等公共场所都安装了 Wi-Fi 热点，我们所到之处基本都有 Wi-Fi 覆盖。

2. 长距离无线传输技术

（1）Sigfox

① Sigfox 的概念

Sigfox 是一个协议名称，也是一家公司名称，Sigfox 是由 Sigfox 公司为了打造物联网无线网络开发的。Sigfox 公司在全球部署低功率广域网络（Low Power Wide Area，LPWA），提供 IoT 的全球蜂窝连接服务，但是用户使用的集成设备必须是支持 Sigfox 协议的射频模块或者芯片，设备开通连接服务后就可以连接到 Sigfox 网络，并且其基础设施完全独立于现有的网络（例如，中国电信、中国移动等）。

② Sigfox 的应用场景

Sigfox 比较适用于海外智能制造等相关需要连续发送少量数据的应用场景，相对于 LoRa 而言，Sigfox 的成本虽然较高，但是不需要额外布建网络。Sigfox 网络技术使用超窄频带调制技术，单个基站能够实现网络消息的传输最远距离达 1000km 以上，每个基站允许多达 100 万个 IoT 设备终端。通过免费频段，低功耗设备和简化的网络架构吸引 IoT 连接。

Sigfox 的基本工作流程：用户设备发送带有应用信息的 Sigfox 协议数据包，附近的 Sigfox 基站负责接收并将数据包回传到 Sigfox 云服务器，Sigfox 云服务器再将数据包分发给相应的客户服务器，由客户服务器来解析及处理应用信息，实现客户设备到服务器的无线连接。

③ Sigfox 的技术原理

Sigfox 采用了超窄带技术（Ultra Narrow Band，UNB），Sigfox 使用 192kHz 频谱带宽的公共频段来传输信号，采用超窄带的调制方式，每条信息的传输宽度为 100Hz，并且以每秒 100bit 或 600bit 的速率传输数据。具体速率取决于不同区域的网络配置。因此，在对抗噪声的同时，可以实现很长的通信距离。轻量级协议 Sigfox 定制了一个轻量级的协议来处理较少的数据信息。较少的数据发送意味着更少的能源消耗，因此电池的寿命更长。小的有效载荷上行信息具有高达 12 字节的有效载荷，并且平均需要 2s 到达基站。对于 12 字节的数据有效载荷，Sigfox 帧总共将使用 26 个字节。下行信息中的有效负载容量为 8 个字节。星形网络架构与蜂窝协议不同，设备依赖于某特定的基站。广播信息由范围内的任何基站接收。UNB 技术使 Sigfox 基站能够远距离通信，不容易受到噪声的影响和干扰。

Sigfox 提供了一种基于软件的通信解决方案，所有的工作和计算的复杂性都在云端进行，大大降低了能源消耗和连接设备的成本。

Sigfox 网络架构可分为 3 个部分。其中，中间部分 Sigfox Gateway（网关）和 Sigfox Cloud（云）部分由 Sigfox 公司提供，也就是说，Sigfox 网络和 Sigfox 网络服务器或设备管理服务器由 Sigfox 提供。Sigfox 对终端部分则是开放的，与多个 RF 芯片公司合作无线前端的连接，为用户提供多个 RF 芯片供应商的选择，但终端必须符合 Sigfox 网络认证。业务应用包括应用服务器、Web 客户端或 App 等。

④ 系统使用的频段选择

系统使用的频段取决于网络部署的区域，例如，Sigfox 在欧洲的频段为 868MHz，在美国的频段为 915MHz，在其他国家或地区的频段为 902 ～ 928MHz。具体的部署情况由当地的法律法规决定，Sigfox 使用超窄频带调制技术在 192kHz 频谱带宽的公共频段下传输信号，每条信息的传输宽度为 100Hz，单位频带的功率密度较高，抗干扰能力较强。

（2）远距离无线电（LoRa）

① LoRa 的概念

远距离无线电（Long Range Radio，LoRa）是 LPWAN 通信技术中的一种，是美国 Semtech 公司采用和推广的一种基于扩频技术的超远距离无线传输，基于物理层实现网络数据通信的技术，支持双向数据传输，符合一系列开源标准。它的最大特点就是在同样的功耗条件下比其他无线方式传播的距离更远，实现了低功耗和远距离的统一，它在同样的功耗下比传统的无线射频通信距离要远 3 ～ 5 倍。

② LoRa 的网络构成及特点

LoRa 网络主要由终端（可内置 LoRa 模块）、网关（或称基站）、服务器和云 4 个部分组成。其应用数据可双向传输。LoRa 技术具有距离远、功耗低（电池寿命长）、节点多、覆盖面广、成本低并且支持灵活组网的特点。目前，LoRa 主要在全球免费频段运行，包括 433MHz、868MHz、915MHz 等。

③ LoRa 的特性

传输距离：城镇可达 2 ～ 5km，郊区可达 15km 。

工作频率：ISM 频段包括 433MHz、868MHz、915MHz 等。

标准：IEEE 802.15.4G。

调制方式：基于扩频技术，线性调制扩频（Chirp Spread Spectrum，CSS）的一个变种，具有前向纠错（Forward Error Correction，FEC）能力。

容量：一个 LoRa 网关可以连接成千上万个 LoRa 节点。

电池寿命：长达 10 年。

安全：AES128 加密。

传输速率：0.3 ～ 50kbit/s，速率越低，传输距离越长。

④ LoRa 的技术要点

一般来说，LoRa 的传输速率、工作频段和网络拓扑结构是影响传感网络特性的 3 个主要参数。传输速率的选择将影响系统的传输距离和电池寿命。工作频段的选择要折中考虑频段和系统的设计目标。而在 FSK 系统中，网络拓扑结构的选择是由传输距离要求和系统需要的节点数目来决定的。LoRa 融合了数字扩频、数字信号处理和前向纠错编码技术，拥有前所未有的性能，即使噪声很大，LoRa 也能从容应对 LoRa 调制解调器。经配置，LoRa 可划分的范围为 64 ～ 4096 码片 / 比特，最高可使用 4096 码片 / 比特中的最高扩频因子，通过使用高扩频因子，LoRa 技术可将小容量数据通过大范围的无线电频谱传输出去，我们能够以低发射功率获得更广的传输范围和距离，这种低功耗广域技术正是我们需要的。

（3）窄带物联网（NB-IoT）

窄带物联网（Narrow Band Internet of Things，NB-IoT）是一种基于蜂窝的窄带物联网，它拥有低功耗的特点，支持低功耗设备在广域网的蜂窝数据连接，NB-IoT 支持待机时间长、对网络连接要求较高设备的高效连接，同时还能提供非常全面的室内蜂窝数据连接覆盖。NB-IoT 只消耗大约 180kHz 的带宽，可直接部署于全球移动通信系统（Global System for Mobile Communications，GSM）网络、通用移动通信系统（Universal Mobile Telecommunications System，UMTS）网络或长期演进（Long Term Evolution，LTE）网络，以降低部署成本，实现平滑升级。

① NB-IoT 的应用场景

NB-IoT 可支持基站定位，同时能够支持 80km/h 以内的移动性场景。NB-IoT 自身具备低功耗、广覆盖、低成本、大容量等优势，使其可以广泛应用于多种垂直行业。例如，远程抄表、资产跟踪、智慧园区、智慧农业等。

② NB-IoT 的特点

第一，广覆盖。可提供改进的室内覆盖，在同样的频段下，NB-IoT 比现有网络增益 20dB，相当于提升了 100 倍覆盖区域的能力。

第二，具备支撑连接的能力。NB-IoT 一个扇区能够支持 10 万个连接，支持低时延敏感度、超低的设备成本、低设备功耗和优化的网络架构。

第三，更低功耗。NB-IoT 终端模块的待机时间可长达 10 年。

第四，更低的模块成本。企业预期的单个连接模块不超过 5 美元。

长距离无线传输协议比较见表 1-9。

表 1-9　长距离无线传输协议比较

	Sigfox	LoRa	NB-IoT
频段	SubG 免授权频段	SubG 免授权频段	SubG 免授权频段
传输速率	100kbit/s	0.3 ～ 50kbit/s	<100kbit/s
典型距离	1 ～ 50km	1 ～ 20km	1 ～ 20km
典型应用	智慧家庭、智能电表、移动医疗、远程监控、新零售	智慧农业、智慧建筑、物流追踪	水表、泊车、宠物跟踪、垃圾桶、烟雾报警、零售终端

（4）2G

① 2G 的概念

2G 是第二代移动通信技术，指 GSM 数字移动电话，具有打电话、发短信以及速度较慢的上网能力，2G 网络与 1G 网络的区别是，2G 使用了数字传输取代模拟传输，提高了寻找网络的速率。

② 2G 的技术标准

以数字语音传输技术为核心，将采集的模拟量数据信息转化成对应的数字量数据信息进行网络传输，传输到终端时，再将数字量数据信息转化成用户需要的模拟量数据信息输出。由于是数字量传输，所以其抗干扰能力较强，用户体验速率为 10kbit/s，峰值速率为 100kbit/s。但是 2G 网络无法直接传送（例如，电子邮件、软件等）信息，只具有通话和一些（例如，时间、日期等）传送功能的移动通信技术。2G 的主要标准是 GSM 和码分多址（Code Division Multiple Access，CDMA），除美国之外，大多数国家和地区使用的是 GSM。

a. GSM 移动通信。GSM 工作在 900/1800MHz 频段，无线接口采用时分多址（Time Division Multiple Access，TDMA）的数字调制方式，核心网移动性管理协议采用移动应用部分（Mobile Application Part，MAP）协议。TDMA 把时间分割成周期性的帧（Frame），每帧再分割成若干个时隙向基站发送信号，在满足定时和同步的条件下，基站可分别在各时隙中接收各移动终端的信号而不会出现混乱和互相干扰。同时，基站发往多个移动终端的信号按顺序安排在预定的时隙中传输，各移动终端只要在指定的时隙内接收，就能在合路的信号中把发给它的信号区分并接收下来。TDMA 提高了系统容量，并采用独立的信道传送信令，使系统性能大为改善，但其系统容量仍然有限，越区切换性能不太完善。

b. CDMA 移动通信。CDMA 在蜂窝移动通信网中的应用容量理论上可达到 AMPS 容量的 20 倍。它基于扩频技术，将要传送的具有一定信号带宽的信息数据用一个带宽远大于信号带宽的高速伪随机码调制，使原数据信号的带宽被扩展，再经载波调制发送出去。接收端使用完全相同的伪随机码，对接收的信号进行相关处理，把宽带信号转换成原信息数据的窄带信号（解扩）以实现通信。CDMA 采用多路通信方式，即多路信号占用一条信道，不同用户传输信息所用的信号不是靠频率或时隙的不同来区分，而是用各自不同的编码序列来区分，或者靠信号的不同波形来区分。例如，从频域或时域来观察，多个 CDMA 信号互相重叠。在 CDMA 系统中，用户信息传输由基站转发和控制。为实现双工通信，正反向传输各使用一个频率，即频分双工。在正向与反向传输中，除传输业务信息之外，还传输相应的控制信息。接收机从多个 CDMA 信号中选出其使用的预定码型信号，其他不同码型信号因其与接收机本地产生的码型不同而不能被解调。它们的存在类似于在信道中引入了噪声和干扰，称为多址干扰。

CDMA 的特点：抗干扰性好、抗多径衰落、保密安全性高、容量与质量之间可权衡取舍、同频率可在多个小区内重复使用。

（5）3G

① 3G 的概念

3G 是指第三代移动通信技术，是支持高速数据传输的蜂窝移动通信技术。3G 网络能够同时传送语音与数据信息，3G 是将无线通信与国际互联网等多媒体通信结合的移动通信技术，可以处理图像、音乐等文件，除此之外，3G 还包含了电话会议等一些商务功能。为了支持以上功能，无线网络可以充分支持不同数据传输速率，即无论是在室内、室外，还是在行车的环境下，都可以提供最少为 2Mbit/s、384kbit/s 与 144kbit/s 的数据传输速率；3G 能够同时传送语音与数据信息，其速率一般是 1 ～ 6Mbit/s，换算成下载速率为 120 ～ 600kbit/s。

② 3G 的技术标准

第三代移动通信采用码分多址技术，现已基本形成了三大主流技术，即宽带码分多址（Wideband Code Division Multiple Access，W-CDMA）、码分多址 2000（Code Division Multiple Access 2000，CDMA-2000）和时分同步码分多址（Time Division-Synchronous Code Division Multiple Access，TD-SCDMA）。这 3 种技术都属于宽带 CDMA 技术，能在静止状态下提供 2Mbit/s 的数据传输速率。但这 3 种技术在工作模式、区域切换等方面又有各自不同的特点。

ITU 确定 3G 通信的三大主流无线接口标准分别是宽带码分多址（W-CDMA）、码分多址（CDMA-2000）和时分同步码分多址（TD-SCDMA）。其中，W-CDMA 标准主要起源于欧洲和日本早期的第三代无线研究活动。该系统在现有的 GSM 网络上使用，对于系统提供商而言，可以轻易地过渡，该标准的主要支持者有欧洲、日本和韩国。美国的 AT&T 公司也宣布选取 W-CDMA 为自己的第三代移动通信业务平台。CDMA-2000 系统主要是由美国高通北美公司提出的，它的建设成本相对较低，主要支持者包括日本、韩国和北美等国家和地区。TD-SCDMA 标准是由我国第一次提出，并在无线传输技术（Radio Transfers Technology，RTT）的基础上完成并已正式被 ITU 接纳的国际移动通信标准。这是中国信息通信行业的一次创举，也是中国对第三代移动通信发展的贡献。

目前，中国电信采用的是 CDMA-2000 标准，中国联通采用的是 W-CDMA 标准，中国移动采用的是 TD-SCDMA 标准。

3G 最大的优点是具有高速的数据下载能力。3G 随使用环境的不同，速率的变化范围为 300kbit/s ～ 2Mbit/s。

（6）4G

① 4G 的概念

4G 是第四代移动通信系统，是将 WLAN 技术和 3G 通信技术进行了很好的结合，使图像的传输速率更高，让传输图像的质量和图像更清晰。在智能移动通信设备中，应用 4G 能让用户的上网速度更快，速率可高达 100Mbit/s。首先，4G 在图片、视频传输上能够实现原图、原视频高清传输，其传输质量与计算机画质不相上下；其次，软件、文件、图片、音视频在 4G 网络中的下载速率最高可达每秒几十 Mbit/s。

② 4G 的技术标准

4G 网络包括 TD-LTE 和 FDD-LTE 两种制式，即中国主导制定的 TD-LTE 制式和欧洲标准化组织 3GPP 制定的 FDD-LTE。

LTE 项目是 3G 的演进，它改进并增强了 3G 的空中接入技术，采用正交频分复用（Orthogonal Frequency Division Multiplexing，OFDM）技术和多输入多输出（Multiple-Input Multiple-Output，MIMO）作为其无线网络演进的唯一标准。严格来讲，LTE 只是 3.9G，虽然人们称之为 4G 无线标准，但它其实并未被 3GPP 认可为 ITU 所描述的下一代移动通信标准（IMT-Advanced），因此在某种程度上，LTE 还未达到 4G 的标准。只有升级版的 LTE Advanced 才满足 ITU 对 4G 的要求。但就目前来说，现在的 4G 网络其实指的就是 LTE 网络。分时长期演进（Time Division Long Term Evolution，TD-LTE）是 TDD 版本的长期演进技术，被称为时分双工技术。频分双工长期演进技术（Frequency Division Duplexing Long Term Evolution，FDD-LTE）采用的是分频模式。在 TDD 方式的移动通信系统中，接收和发送使用同一频率载波的不同时隙作为信道的承载，其单方向的资源在时间上是不连续的，时间资源在两个方向上进行了分配。FDD 是在分离的两个对称频率信道上进行接收和发送，用保护频段来分离接收和发送信道。TD-LTE 和 FDD-LTE 在技术上，二者的差异较少，共性更多，能为移动通信用户提供超出以往的移动互联网接入体验。

③ 4G 的特征

a. 通信速率更高。4G 通信最主要的特征之一是具有更高的通信速率，通信速率可达 10 ~ 20Mbit/s，最高可达 100Mbit/s。

b. 网络频谱更宽。要使 4G 通信速率达到100Mbit/s，电信运营商要大幅改造 3G 网络，使 4G 带宽比 3G 带宽高出许多。

c. 通信更灵活。4G 时代的手机早已超出打电话的范围，语音传输只是其功能之一，智能手机实际已是一台带有通信功能的小型计算机。4G 通信使人们不仅能够随时随地通话，而且可以双向上传下载资料、图片、影像以及提供在线游戏服务，网上定位系统可以提供实时地图服务。

d. 智能性更高。4G 移动通信的智能性更高，4G 终端设备的设计和操作更具智能性，还可实现许多新功能。

e. 兼容性能更平滑。4G 移动通信系统应具备全球漫游、接口开放、与多种网络互联、终端多样化及可以过渡升级等特点。

f. 提供多种增值服务。4G 不是 3G 的简单升级，其核心技术有很大的不同。3G 移动通信系统主要以 CDMA 为核心，4G 移动通信系统则以正交频分复用（Frequency Division Mulitiplexing，OFDM）技术为核心，利用这种技术可实现〔例如，无线本地环路（Wireless Local Loop，WLL）、数字信号广播（Digital Audio Broadcasting，DAB）等］无线通信增值服务。

g. 实现更高质量的多媒体通信。4G 提供的无线多媒体通信服务包括语音、数据、影像等大量信息，通过宽带信道传送。

h. 频率使用效率更高。4G 是运用路由技术（Routing）的网络架构，由于采用了几项不同的技术，所以无线频率的使用比 2G 和 3G 系统有效得多。因其有效性，所以可以支持更多用户使用与以前数量相同的无线频谱做更多的事情，并且速度快，其下载速率可达 5～10Mbit/s。

i. 通信费用更便宜。4G 解决了与 3G 的兼容性，能让用户方便地升级到 4G，且 4G 通信引入了许多先进的通信技术，保证 4G 通信能提供灵活性高的系统操作方式。4G 的无线即时连接等某些服务费用比 3G 更便宜。

④ 4G 的核心技术

4G 采用一些不同于 3G 的技术，主要归纳如下。

a. OFDM 是一种无线环境下的高速传输技术。在频域内将给定信道分成许多正交子信道，在每个子信道上使用一个子载波进行调制，各子载波并行传输。OFDM 结合分集、时空编码、干扰和信道间干扰抑制及智能天线技术，能大幅度提高系统性能。其中，各载波相互正交，每个载波在一个符号时间内有整数个载波周期，每个载波的频谱零点和相邻载波的零点重叠，这就减少了载波间的干扰。由于载波间有部分重叠，所以 OFDM 比传统的频分多址（Frequency Division Multiple Access，FDMA）的频带利用率高。OFDM 可以提供无线数据技术质量更高（速率快、时延短）的服务和更好的性价比，能为 4G 无线网提供更好的方案。

b. 软件无线电。软件无线电的基本思想是将尽可能多的无线及个人通信功能通过可编程软件来实现，使其成为一种多工作频段、多工作模式、多信号传输与处理的无线电系统，可以说软件无线电是一种用软件来实现物理层连接的无线通信方式。

c. 智能天线技术。智能天线具有抑制信号干扰、自动跟踪及数字波束调节等功能，是未来移动通信的关键技术。智能天线应用数字信号处理技术，产生空间定向波束，使天线主波束对准用户信号到达的方向，旁瓣或零陷对准干扰信号到达的方向，实现充分利用移动用户信号并消除或抑制干扰信号的目的。这种技术既能改善信号质量，又能增加传输容量。

d. MIMO 技术。MIMO 是利用多发射、多接收天线进行空间分集的技术，它采用分立式多天线，能有效地将通信链路分解成许多并行的子信道，以大幅提高系统容量。信息论已经证明，当不同的接收天线和不同的发射天线之间互不相干时，MIMO 系统能够很好地提高系统的抗衰落和噪声性能，获得大容量。在功率带宽受限的无线信道中，MIMO 是实现高数据传输速率、提高系统容量、提高传输质量的空间分集技术。

e. 基于 IP 的核心网。4G 的核心网是一个基于全 IP 的网络，能实现不同网络间的无缝互联。核心网独立于各种具体的无线接入方案，能提供端到端的 IP 业务，能与已有的核心网和公用电话交换网（Public Switched Telephone Network，PSTN）兼容。核心网具有开放结构，允许各种空中接口接入。核心网能把业务、控制和传输等分开。采用 IP 后，系统使用的无线接入协议与核心网络协议、链路层是独立的。IP 与多种无线接入协议兼容，因此在设计核心网络时有很大的灵活性，不用考虑无线接入究竟采用何种方式和协议。

（7）5G

① 5G 的概念

5G 是第五代移动通信系统，是目前比较热门的蜂窝移动通信技术，可以说，5G 是为物联网而生的。与其他的网络技术相比，5G 通信网络的容量更大，上网速率更快，远远高于以前的蜂窝网络，最高可达 10Gbit/s，而且比现有的有线互联网还要快，大约比先前的 4G LTE 蜂窝网络快 100 倍，可以满足高清视频、虚拟现实等大数据量传输。举例来说，在 5G 网络中，一部 1G 容量的电影可在几秒之内完成下载。5G 具有较低的网络时延（更快的响应时间），低于 1ms，而 4G 的网络时延为 30～70ms。

5G 技术提供给物联网更大的网络平台，因此满足其更大的运行需求。5G 通信网络所支持的终端设备要比 4G 通信网络支持的设备多出几倍，同时保证了较低的能量消耗。5G 的性能目标是高数据速率、低时延、节省能源、降低成本、提高系统容量和大规模设备连接。2019 年 10 月 31 日，国内的三大电信运营商公布了 5G 商用套餐，并于 2019 年 11 月 1 日正式上线 5G 商用套餐。

② 5G 的网络特点

5G 的峰值速率需达到 10Gbit/s，以满足高清视频、虚拟现实等大数据量传输。空中接口时延水平需要在 1ms 左右，满足自动驾驶、远程医疗等实时应用。超大网络容量，提供千亿设备的连接能力，可以满足物联网通信。5G 网络的频谱效率要比 LTE 提升 10 倍以上。在连续广域覆盖和高移动性下，用户体验速率达到 100Mbit/s。其流量密度和连接数密度大幅度提高。5G 的协同化、智能化水平提升，表现为多用户、多点、多天线、多摄取的协同组网，以及网络间灵活的自动调整。以上是 5G 区别于前几代移动通信的关键，也是移动通信从以技术为中心逐步向以用户为中心转变的结果。

③ 5G 的技术标准

a. 5G 是万物互联、连接场景的一代。1G 到 4G 主要是以人与人通信为主的，5G 则跨越到人与物、物与物通信。从业务和应用的角度来看，5G 具有大数据、海量连接和场景体验三大特点，可满足未来更广泛的数据和连接业务需要。

b. 5G 是电信 IT 化、软件定义的一代。5G 是新一代的移动通信技术，5G 网络呈现软件化、智能化、平台化趋势，5G 是通信技术（Communication Technology，CT）与信息技术（Information Technology，IT）的深度融合，5G 是电信 IT 化的时代。软件定义的 5G 通过采用软件定义网络（Software Defined Network，SDN）、网络功能虚拟化（Network Function Virtualization，NFV）及软件定义无线电的无线接入空口，实现 5G 可编程的核心网和无线接口。SDN 和 NFV 将引起 5G 的 IT 化，包括硬件平台通用化、软件实现平台化、核心技术 IP 化。

c. 5G 是云化的一代。5G 的云化趋势包括基带处理能力的云化，即云架构的 RAN Cloud-Radio Access Network，C-RAN）、采用移动边缘内容与计算（Mobile Edge Content and Computing，MECC）以及终端云化。C-RAN 将多个基带处理单元（Base Band Unit，BBU）集中起来，通过大规模的基带处理池为成百上千个远端射频单元（Remote Radio Unit，RRU）服务，此时基带处理能力是云化的虚拟资源。MECC 在靠近移动用户的位置上提供 IT 服务环境和云计算能力，使应用、服务和内容部署在分布式移动环境中，针对资源密集的应用（例如，图像、视频、制图等），将计算和存储卸载到无线接入网，从而降低了通信带宽的开销，并提高了实时性。终端云化使移动终端能力和资源（包括计算、存储、传感等）得到大幅提升，同时实现了本地资源的共享。

d. 5G 是蜂窝结构变革的一代。1G 到 4G 都基于传统的蜂窝系统，即形状为六边形的蜂窝小区组网。目前，密集高层办公楼宇、住宅和场馆等城市热点区域承载了 70% 以上的无线分组数据业务，而热点区域的家庭基站、无线中继站、小区基站、分布式天线等（统称为异构基站）大多呈非规则、无定形部署特性和层叠覆盖，形成了异构分层的无线网络。另外，结合虚拟网络运营商（Virtual Network Operator，VNO）需求，产生了虚拟接入网（Virtual RAN，VRAN）与虚拟小区的概念，VRAN 可以在一个物理设备上按需产生多个 RAN。由此可见，传统单层规则的蜂窝小区概念已不存在，5G 移动通信首次出现了去蜂窝的趋势。

e. 5G 是承前启后和探索的一代。移动通信技术更新的时间约为 10 年一代。1G 的目的是解决语音通信，但语音质量与安全性不佳；到 2G 时代，GSM 和 CDMA 在解决语音通信方面达到极致；1998 年提出的 3G，其最初目标是解决多媒体通信（例如，视频通信），但 2005 年后出现了移动互联网接入的重大应用需求；LTE 解决移动互联网接入需求是到位的，但又面临长期演进语音承载（Voice over Long-Term Evolution，VoLTE）的问题。目前，市场上应用过的通信呈现的是"1G 短、2G 长、3G 短、4G 长"的特征，那么 5G 呢？5G 的目标之一是解决万物互联。因此，5G 将是有探索价值的一代，是移动通信历史上迈向万物互联承前启后的一代。

④ 5G 的关键技术

a. 超密集异构网络是 5G 网络提高数据流量的关键技术。超密集异构网络将部署超过现有站点 10 倍以上的各种无线节点，在宏站覆盖区内，站点间距离将保持在 10m 以内，并且支持在每 1km 范围内为 25000 个用户提供服务。同时也可能出现活跃用户数和站点数的比例达到 1 ∶ 1 的现象，即用户与服务节点一一对应。密集部署的网络拉近了终端与节点间的距离，使网络的功率和频谱效率大幅度提高，同时扩大了网络的覆盖范围，扩展了系统容量，并且增强了业务在不同接入技术和各覆盖层次间的灵活性。

b. 自组织网络（Self Organizing Network，SON）的智能化是 5G 网络的关键技术。SON 解决的关键问题主要有以下两个：一是网络部署阶段的自规划和自配置；二是网络维护阶段的自优化和自愈合。自规划的目的是进行动态网络规划并执行，同时满足系统的容量扩展、业务监测或优化结果等方面的需求。自配置即新增网络节点的配置可实现即插即用，具有低成本、安装简易等优点。自优化的目的是减少业务工作量，达到提升网络质量及性能的效果，其方法是通过用户设备（User Equipment，UE）和演进型 NodeB（Evolved Node B，eNB）测量，在本地 eNB 或网络管理方面进行参数自优化。自愈合指系统能自动检测问题、定位问题和排除故障，减少维护成本并避免对网络质量和用户体验的影响。

c. 内容分发网络。5G 时代，面向大规模用户的音频、视频、图像等业务急剧增长，网络流量的爆炸式增长会极大地影响用户访问互联网的服务质量。内容分发网络（Content

Delivery Network，CDN）可以解决 5G 网络的容量及用户访问集中的流量问题。

CDN 是在传统网络中添加新的层次，即智能虚拟网络。CDN 系统综合考虑各节点的连接状态、负载情况以及用户距离等信息，通过将相关内容分发至靠近用户的 CDN 代理服务器上，实现用户就近获取所需的信息，缓解网络拥塞状况，减少响应时间，提高响应速度。CDN 在用户侧与源服务之间构建多个 CDN 代理服务，可以降低延迟、提高服务质量（Quality of Service，QoS）。当用户对所需内容发送请求时，如果源服务器之前接收到相同内容的请求，那么该请求被域名系统（Domain Name System，DNS）重定向到离用户最近的 CDN 代理服务器，由该代理服务器给用户发送相应内容。因此，源服务器只需要将内容发送给各个代理服务器，方便用户从就近带宽充足的代理服务器上获取内容，降低网络时延并提高用户体验。随着云计算、移动互联网及动态网络内容技术的推进，内容分发技术逐步趋向于专业化、定制化，在内容路由、管理、推送以及安全性等方面面临新的挑战。

d. 设备到设备通信。5G 时代需要进一步提升网络容量、频谱效率，更丰富的通信模式与更好的终端用户体验是 5G 的演进方向。设备到设备（Device to Device，D2D）通信具有潜在提升系统性能、增强用户体验、减轻基站压力、提高频谱利用率的前景。因此，D2D 是未来 5G 网络的关键技术之一。

D2D 通信是一种基于蜂窝系统的近距离数据直接传输技术。D2D 会话的数据直接在终端之间进行传输，不需要通过基站转发，而相关的控制信令，例如，会话的建立、维持、无线资源分配以及计费、鉴权、识别、移动性管理等仍由蜂窝网络负责。蜂窝网络引入 D2D 通信，可以减轻基站负担，降低端到端的传输时延，提升频谱效率，降低终端发射功率。当无线通信基础设施损坏，或者在无线网络的覆盖盲区，终端可借助 D2D 实现端到端通信甚至接入蜂窝网络。在 5G 网络中，既可以在授权频段部署 D2D 通信，也可以在非授权频段部署 D2D 通信。

e. 机器对机器通信。机器对机器（Machine to Machine，M2M）作为物联网最常见的应用形式之一，在智能电网、安全监测、城市信息化、环境监测等领域实现了商业化应用。3GPP 已经针对 M2M 通信制定了一些标准，并已立项研究 M2M 关键技术。M2M 的定义主要有广义和狭义两种：广义的 M2M 主要是指机器对机器、人与机器之间以及移动网络和机器之间的通信，它涵盖了所有实现人、机器、系统之间通信的技术；狭义的 M2M 仅仅是指机器与机器之间的通信。智能化、交互式是 M2M 有别于其他应用的典型特征，这一特征下的机器也被赋予了更多的"智慧"。

本节小结

① 网络（Network）表示诸多对象及其相互的联系，由若干节点和连接这些节点的链路构成。其中，链路是指无源的点到点的物理连接。在有线通信中，链路是指两个节点之间的物理线路。

② 计算机网络有两种重要的网络体系架构：OSI 参考模型（OSI-RM）和 TCP/IP 参考模型。

③ OSI 参考模型共有 7 层。TCP/IP 参考模型共有 4 层。

④ IEEE 802.15.4 是一种定义了低速率无线个域网的技术标准。

⑤ 在物联网领域中，有线通信技术常用的有以太网、USB、RS485、RS232 等。

⑥ 无线通信技术分为短距离无线通信技术和长距离无线传输技术。

习题

① OSI 的 7 层模型从下到上都是什么？ OSI 的 7 层模型从下到上的第 1 ~ 3 层有什么代表性的网络硬件设备？

② 局域网常用的网络协议有哪些？

③ 我们现在常用的 USB 协议是哪个？ 它的主要技术参数有哪些？

④ 在短距离无线通信协议中，常见的有哪几个？

⑤ 在长距离无线传输协议中，常用的智能家居设备有哪几个？

第 2 章

物联网场景与应用实例

● **学习要求**

① 了解物联网场景中各场景的定义。

② 掌握物联网场景中各场景的组成与具体应用。

● **本章框架**

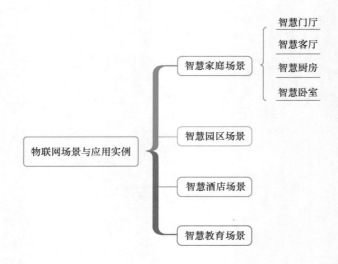

2.1 智慧家庭场景

智慧家庭是指使用各种技术和设备来提升人们的生活品质，使家庭生活变得更舒适、更安全和更便利。智慧家庭的发展分为 3 个阶段，即单品连接、物物联动和平台集成。当前正处于单品连接向物物联动的过渡阶段。物联网应用于智慧家庭领域，能够监测家居类产品的位置、状态和变化情况，分析其变化特征，同时根据用户的需要，给予一定程度的反馈和优化。

第一阶段：单品连接。这个阶段的智慧家庭是将各个产品通过传输网络，例如，Wi-Fi、蓝牙、ZigBee 等连接，每个产品被单独控制。

第二阶段：物物联动。目前，各家智慧家庭领域的企业能将自己生产的产品互连并进行系统集成，实现同企业其他产品的联动控制，但不同企业的产品极少能够联动。

第三阶段：平台集成。这是智慧家庭发展的最终阶段，根据统一标准，平台集成使各家企业的产品能够相互兼容，满足用户的定制化使用需求。

随着智能家居热潮在世界范围内兴起、我国电子技术快速发展、人们生活水平不断提高，以及智能电子技术在生活中广泛应用，智能家居已经成为未来家居装饰潮流发展的最新方向之一。从目前的发展趋势来看，在未来至少 20 年的时间里，智能家居将成为我国的主流行业之一，其市场发展前景非常广阔。未来，全世界将有上亿个家庭构建智能、舒适、高效的家居生活，60% 以上的新房将具有一定的"智能型家居"功能，这将使智能家居系统形成一个庞大的产业，其中蕴含的市场潜力不可限量。

智慧家庭的场景是围绕家庭全物理空间，为用户提供安全、舒适、便捷的智慧生活。从空间场景来看，智慧家庭的子场景包括智慧门厅、智慧客厅、智慧厨房、智慧卧室等。

智能家居系统的场景组合就是把以前需要几个动作才能完成的事情，现在只需"一键"就可以做完。我们可以根据自己的需要设置场景组合，例如，离家场景、回家场景、会客场景、就餐场景、影院场景、就寝场景等。接下来，让我们跟随用户，看看这些场景是如何联动的。

当早上上班时，用户可按下离家场景键，智能无线安防系统（门磁、烟雾感应器、红外人体感应器、摄像头）启动，灯光关闭，不用带电的家电也自动关闭。如果有陌生人非法闯入，系统就会通知用户有人闯入，提醒用户第一时间报警。

当晚上回家时，用户可按下回家场景键，智能无线安防系统解除，客厅主灯开启，窗帘拉上，电视机调到预置的频道。当智能家居系统开始执行动作时，用户可以换衣服，洗手，做其他事情。

当有客人来访时，用户启动会客场景键，客厅主灯打开，筒灯关闭，窗帘拉上，电视机关闭，在客厅营造明亮、清新的会客氛围。当到就餐时间时，用户启动就餐场景组合键，其他区域主灯关闭，餐厅灯调至合适亮度，营造出温馨浪漫的氛围。

晚饭后，全家观看最近上映的影片，用户可按下影院场景键，灯光关闭，电视机打开，选中要看的影片，用户在触摸屏上调整音量、音效等。

当到睡觉时间时，用户可按下就寝场景键，灯光关闭，窗帘全部闭合，智能天线安防系统启动（睡眠设置），用户可安心入睡。

当晚上起夜时，用户可按下起夜模式键，地灯亮起，过道和卫生间的灯陆续亮起。当用户返回卧室继续睡觉时，几秒钟之后，所有灯自动关闭。

2.1.1 智慧门厅

智慧门厅可以实现指纹锁开门，联动其他电器，开启回家模式。当家人安全到家时，安全信息会被即时发送到用户的手机上。

智慧门厅如图 2-1 所示。

图 2-1 智慧门厅

智能摄像头可以通过高清视频监控系统，全天提供在线服务，保障用户安全。

单元门口机可以实现来访客人与用户可视对话，也可以通过用户授权的二维码开门。

智能门锁可以通过指纹、密码、扫描等方式开门，自动开启回家模式。

智能终端可以实现用户与来访客人可视对话，打开门锁。

门磁系统可以监控门的开合状态，如果室内遭陌生人非法闯入，那么这会触发门磁系统的自动报警装置。

2.1.2 智慧客厅

智慧客厅可以通过红外探测器、摄像头、门磁系统监控室内的情况，实时拍照并发送信息至用户的手机或发送给物业，提前预警。

触控面板可以一键切换场景模式，集中控制场景中的其他智慧家电。

网关可以实现设备之间的联动，并支持远程网络控制。

通过语音音响播放用户喜爱的音乐，让用户的居家生活变得轻松愉悦。

智慧客厅如图 2-2 所示。

图 2-2 智慧客厅

2.1.3 智慧厨房

在发生火灾、燃气泄漏、地板浸水时，智慧厨房中的烟雾传感器、燃气传感器、水浸传感器能够实时监测并发送紧急消息，联动智能报警器发出蜂鸣报警声，联动推窗器自动开窗通风，联动水阀、气阀自动关闭阀门。智慧厨房如图 2-3 所示。

图 2-3 智慧厨房

当燃气传感器探测到燃气浓度过高时，智能家居系统会触发自动报警装置并通知用户，还会联动推窗器自动打开窗户进行通风。

当水浸传感器检测到漏水时，智能家居系统会自动报警，并将信息推送到用户的手机上。

声光报警器可以与传感器联动，当发生可燃、有毒气体泄漏时，声光报警器将被触发，发出警示声和旋光示警。

推窗器可以与传感器联动，当发生可燃、有毒气体泄漏时，推窗器将被触发，达到自动开窗通风的效果。

2.1.4 智慧卧室

智慧卧室可以通过多种智能设备实现语音控制、智能通话和智能温控调节等功能，为家居生活带来更加便利和舒适的体验。智慧卧室如图 2-4 所示。

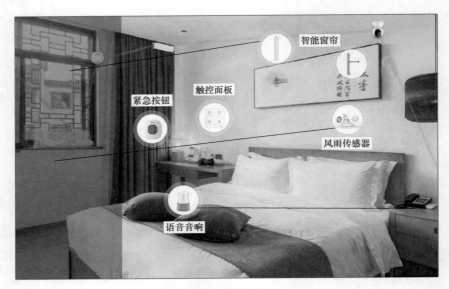

图 2-4　智慧卧室

触控面板可以内置多个预设场景，一键切换回家、起床等不同的场景模式，实现集中控制生活中不同场景的智能家电目标。

智能窗帘可以根据预设的各种场景模式，实现自动开合。

风雨传感器可以在感知到刮风下雨后，联动推窗器实现自动关窗。

语音音响具有智能语音识别功能，实现用语言控制其他智能设备的功能。

2.2　智慧园区场景

智慧园区是指综合运营管理平台利用新一代信息技术，在信息全面感知和互联的基础上，实现人、物、区域功能系统之间的无缝连接与协同联动，实现园区管理运维的智能自感知、自适应、自优化，达到安全、便捷、高效、绿色的效果。智慧园区在打造园区信息化应用平台的基础上，通过智能化、信息化整合信息资源，建立安全、监控、环保、应急一体化的园区综合运营管理体系，提升园区内部的政务管理能力和业务协同能力，提高园区的工作效率，实现全方位、多层次、智慧化管理。

现有技术已经将智慧园区的各个子场景无缝地连接在一起并进行联动，各个子场景之间也可以顺畅地进行无缝切换。随着 5G 等无线通信技术的进一步升级，智慧园区将为我们勾勒出一幅更加智慧的应用场景蓝图。无人驾驶汽车在智慧园区内有序穿梭并可自动泊停维护。机器人管家可为每栋楼宇提供 24 小时服务。用户在智慧园区内任何地点都可发起远程视频会议，用户佩戴虚拟现实（Virtual Reality，VR）设备，远在千里之外的参会人员仿佛近在眼前。还有更多智慧场景，例如，智慧办公、智慧安防、智慧停车等，将随着新技术的不断发展给人们带来便利、安全、高效的服务。

智慧园区利用物联网技术，将采集的数据汇集到数据服务平台，由数据服务平台进行数据分析、处理，从而提供更高端的动态数据应用服务，这将使传统智能化系统发生根本性的改变，这些改变主要表现在以下 6 个方面。

① 基于物联网的数据服务平台提供了个性化的解决方案，包括对智慧园区的智能化管理系统进行整体规划，保证满足用户的个性化需求。

② 传统园区内的楼宇智能化系统是自成一体的独立封闭系统。而物联网是开放的，具有连通性，这使智能化系统变得开放、智能。

③ 把各个子系统集成在一个统一的数据服务平台上，实现了各个子系统之间实时数据的交流和共享，弥补了传统园区数据采集封闭的缺陷，解决了智能化系统之间难以联动的问题。

④ 数据服务平台汇集了海量的数据信息，应用开发平台操作灵活且功能齐全，使智能化系统具有很强的可扩展性。

⑤ 基于物联网技术，我们构建一个统一的数据服务平台，汇总各个系统的运行数据信息，既可实现高效、便捷的集中式管理，又可降低设备的运营成本。

⑥ 数据服务平台所拥有的专家系统引擎能够整合、分析和计算从各个子系统中采集到的实时数据，并结合预案，对系统的非正常状况做出判断，实施联动预警。

2.3　智慧酒店场景

智慧酒店是指酒店拥有一套完善的智能化体系，通过数字化与网络化，实现酒店管理和服务的信息化，为客人提供周到、便捷、舒适的服务，满足客人"个性化服务、信息化服务"的需求。

　　试想一位客人在入住智慧酒店前可以先在酒店的 App 等移动终端预订房间，然后扫码付款。到达酒店后，客人可以在 App 自助办理入住手续，通过 App 控制房间的智能门锁，与酒店客服在 App 上实时互动，咨询房间设施、交通设施及周边美食等问题。旅行结束，客人还可以在 App 上一键退房，并对自己入住的房间进行点评。客人如果需要发票，则可以将发票信息及时输入 App，系统会自动生成电子发票，酒店将把电子发票实时推送到客人的手机或邮箱中。对于需要纸质发票的客人，酒店也会以邮寄的方式送到客人手中。

　　在入住智慧酒店的房间时，客人可以用 App 控制电视机、窗帘和灯光。客人来到一个陌生的城市，推开酒店房间的门，扑面而来的是熟悉的气息：房间里的走廊灯和床头灯亮着，电视机里播放的是客人喜欢的电视节目，客人还可以将手机上还没播完的视频直接切换到电视机上继续播放，空调温度舒适，浴缸里的热水温度也刚刚好。当外面有人按响门铃时，门口的摄像头会将监控画面捕捉下来投射到电视机屏幕上。客人如果认为酒店的枕头很舒服，对靠垫的软硬度比较满意，喜欢房中摆设的花瓶，写字桌的风格，那么可以随时登录 App 挑选同款并下单支付。也许客人还没到家，这些物品就已经被送到家了。

　　智能门禁安全管理系统是新型现代化安全管理系统，它集微机自动识别技术和现代安全管理措施为一体，涉及电子、机械、光学、计算机、通信、生物等诸多新技术，是解决酒店重要出入口安防问题、实现安全防范管理的有效措施。

　　智慧酒店通过采集取电开关卡片信息实现插卡取电、拔卡断电，拒绝未经授权的卡片取电。

　　智慧酒店的交互视频系统经历了一个发展过程。以前的酒店基本上使用的是视频点播系统，如今的智慧酒店正在引进交互式视频技术，该技术既可以达到为客人提供交互体验服务的目的，又可以降低酒店的管理成本，更重要的是可以帮助酒店形成数字化品牌。

　　智慧酒店的展示体系可分为两类：一是向客人提供酒店的各种资料与服务，例如，酒店的发展历程、分支产业、企业文化、酒店服务、特色菜系，方便客人更全面地了解酒店；二是向客人展示当地的特产、风土人情、旅游景点等信息，节省客人查阅信息的时间。

　　智慧酒店的互动体系即客人能够在客房内与前台服务员互动。例如，客人可以在客房内即时查看前台服务员发布的信息；享受点餐、订票、租车、退房等请求服务；客人在房间内可及时掌握实时天气、航班动态、列车时刻、轮船时刻、客车时刻、市区公交线路、高速路况、市区路况等信息。

2.4　智慧教育场景

智慧教育即教育信息化，是指在教育领域（教育管理、教育教学和教育科研）全面深入地运用现代信息技术来促进教育改革与发展。智慧教育是依托物联网、云计算、无线通信等新一代信息技术打造的物联化、智能化、感知化、泛在化的新型教育形态和教育模式。智慧教学模式是整个智慧教育系统的核心组成部分。其技术特点是数字化、网络化、智能化和多媒体化，基本特征是开放、共享、交互、协作、泛在。智慧教育以教育信息化促进教育现代化，用信息技术改变传统教育模式。

智慧教育的目的是通过构建技术融合的学习环境，让教师采用高效的教学方法，让学生获得个性化的学习服务和美好的发展体验，培养学生拥有正确的价值取向、较强的行动能力、较好的思维品质、较深层次的创造潜能。

智慧教育是一个比智慧校园和智慧课堂更大的课题，它可以被理解为一个智慧教育系统，包括现代化的教育制度、现代化的教师制度、信息化时代的学生、智慧的学习环境及智慧的教学模式五大要素。

智慧教育可以辅助教师的多个教学方面，将教师从传统的、繁重的教辅工作中抽离出来，可以让教师去做与教学更相关的核心工作。在课堂授课时，教师不需要将更多的精力用于观察每一个学生的细微反应，而智慧教学系统可以对学生的课堂反馈进行精准的捕捉并加以分析，教师可以根据可视化报表，调整自己的教学方案，实现精准教学。一堂课结束之后，智慧教学系统再根据在课堂过程中收集到的数据，对每位学生进行"一对一"的教学资源推送，让学生拿到更符合自己的学习资源。在课后学习过程中，学生如果遇到疑难问题，还可以实时将难题提交到智慧教育系统中，系统通过云端的大数据匹配，在人工智能的帮助下完成辅导与答疑。教师在上完一堂课之后，可以通过 App 将对这一堂课的设计思考回传到教研系统中，实时地与其他教师共享教研心得。教师们也可以以学科为单位发起异地虚拟教研组，组织跨区域的教学教研分享会，共同备课，提升教学水平。

智能技术还可以应用于教育管理与服务方面，例如，学校教学管理、校园综合管理、校园保障服务、区域管理与服务。其中，学校教学管理包括排课、考勤、教学质量等；校园综合管理囊括了对校园的办公环境、师资、设备、校园安全等方面的综合事项；校园保障服务覆盖了校园文化展示、图书服务、生活服务、家校互动等一系列日常场景。智能技术应用于教育管理与服务中，不仅能够帮助管理者实现对区域和学校的人、物的高效配置和科学管理，还能实现对学校教育管理与服务工作流程的再造，创造智能技术背景下的教育管理与服务新模式。

本章小结

① 介绍了物联网场景设计与开发的 4 个相关场景的应用。

② 阐述了各场景的应用示例。

习题

① 描述物联网智慧家庭场景的一个实例。

② 描述物联网智慧园区场景的一个实例。

③ 描述物联网智慧酒店场景的一个实例。

④ 描述物联网智慧教育场景的一个实例。

第 3 章

物联网场景故障诊断思路

● 学习要求

① 了解故障诊断的定义。

② 了解故障诊断技术的发展过程。

③ 掌握故障诊断的处理原则。

④ 掌握故障诊断的常用方法与步骤。

⑤ 掌握故障诊断的复盘方法。

● 本章框架

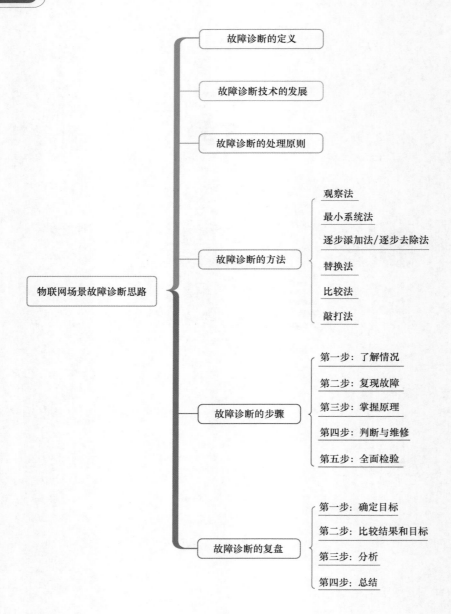

3.1 故障诊断的定义

对于故障的定义，各种文献中的说法不尽相同。一般情况下，故障是指设备系统在规定条件下不能完成规定的功能；设备系统在规定条件下一个或几个性能参数不能保持在规定的上下限值之间；设备系统在规定的应力范围内工作时导致设备系统不能完成其功能的机械零部件或元器件的破裂、断裂、卡死等损坏状态。《工程项目管理人员测试性与诊断性指南》一书中把故障定义为"装置、组件或元件不能按规定方式工作的一种物理状态"。

本节对故障做一个广义的定义，即系统至少有一个特性或参数偏离了正常范围，使设备难以完成系统预期功能。

故障诊断是一种通过监测设备的状态参数，发现设备的异常情况，分析设备的故障原因，并预测设备未来状态的技术。故障诊断包括故障检测、故障分离和故障辨识。故障诊断能够定位故障并判断故障的类型和发生时刻，进一步分析后即可确定故障的严重程度。故障诊断技术涉及多个学科，包括信号处理、模式识别、人工智能、神经网络、计算机工程、现代控制理论和模糊数学等，并应用了多种新的理论和算法。

3.2 故障诊断技术的发展

故障诊断技术发展至今，已经分化出很多不同的门类，随着科学技术的不断进步，新方法又推动了新的故障诊断技术出现及传统故障诊断技术的迭代更新。

基于物理和化学分析的故障诊断技术是通过观察故障设备运行过程中的物理、化学状态来进行故障诊断，工程师分析故障设备运行中声、光、气味及温度的变化，再与正常状态进行比较，凭借经验判断设备是否出现故障。例如，测试连接线缆的连通性能，以判断线缆中是否有物理断裂的故障存在。再如，在智慧家庭场景中，烟雾报警器可以构建光学迷宫，迷宫内有一组红外发射管、接收光电管，对射角度为 135°。当环境中无烟雾时，接收光电管接收不到红外发射管发出的红外光，后期采集电路无电信号变化；当环境中有烟雾时，烟雾颗粒进入迷宫使红外发射管发出的红外光发生散射，散射的红外光的强度与烟雾浓度有一定的线性关系，后期采集电路发生变化，烟雾报警器内置的微控制单元通过探知这些变化量来预测发生火灾的可能性。

基于信号处理的诊断方法是对故障设备工作状态下的信号进行诊断，当信号超出一定的范围即可判定出现了故障。信号处理的对象主要包括时域、频域以及峰值等指标。在检测过程中，工程师运用频域、小波分析等信号分析方法，提取方差、幅值和频率等特征值，从而检测出故障。现在很多电子设备自带发光二极管指示灯，可通过内置的自检功能，形成对自身运行情况的自动监测，当遇到超出正常范围的信号时，发光二极管指示灯就会亮起，进行故障报警。例如，无线路由器断网后，其自身的某个指示灯将显示为红色。

基于模型的诊断方法是在建立诊断对象数学模型的基础上，根据模型获得的预测形态和所测量的形态之间的差异，计算出最小冲突集，它即为诊断对象的最小诊断。其中，最小诊断就是关于故障元件的假设，基于模型的诊断方法具有独立于诊断对象的诊断实例和经验。将模型和实际系统（诊断对象）运行冗余设计，通过对比产生残差信号，可以有效地剔除控制信号对系统的影响；通过分析残差信号，可以诊断出系统在运行过程中的故障。

基于模型的诊断方法具有以下 3 个优点。

① 可以直接借用控制系统的设计模型，不需要另行建模。

② 可以检测系统首次出现的故障，不需要依赖系统先前的运行状况。

③ 不但可以检测系统及其元器件的故障，而且可以检测传感器中出现的故障。

我们以示波器眼图为例进行说明。眼图是一系列数字信号在示波器上累积而显示的图形，它包含了丰富的信息，从眼图上我们可以观察出码间串扰和噪声的影响，以及数字信号的整体特征，从而估测系统的优劣程度，因而眼图分析是高速互联系统信号完整性分析的核心。我们用一个示波器跨接在接收滤波器的输出端，然后调整示波器扫描周期，使示波器水平扫描周期与接收码元周期同步，这时示波器屏幕上的图形就是眼图。示波器一般的测量信号是某些位置或某一段时间的波形，更多反映的是细节信息，而眼图反映的是链路传输的所有数字信号的整体特征。另外，我们也可以用眼图调整接收滤波器的特性，以减小码间串扰和改善系统的传输性能。示波器眼图示例如图 3-1 所示。

近年来，基于人工智能及计算机技术的迅猛发展，人工智能的诊断方法为故障诊断技术提供了新的理论基础，出现了基于知识的、不需要对象的精确的数学模型的故障诊断方法。

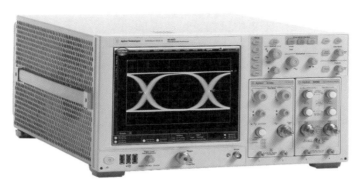

图 3-1 示波器眼图示例

综上所述，单一的故障诊断技术有着各自的优缺点，难以满足复杂系统的诊断要求。因此，将各种不同的诊断方法有效地结合起来，对故障诊断有着重要的意义，这是故障诊断技术的一个发展趋势。

3.3 故障诊断的处理原则

处理物联网各个场景中遇到的故障，工程师的诊断思维逻辑要清晰，这样才能抽丝剥茧，快速找到故障原因，给出合理的解决方案。

故障诊断要遵循以下 4 个原则。

1. 从简单的事情做起

从简单的事情做起，这里的"简单"有两层含义：一是指"观察简单"；二是指"环境简单"。

观察简单是指观察设备周围的情况，包括位置、电源、连接、其他设备、温度与湿度等；设备表面、显示内容，以及它们与正常情况下的异同；设备内部的环境情况，包括灰尘、连接、器件颜色、部件形状、指示灯状态等；设备的软硬件配置情况，包括安装何种组件、设备固件的版本号等。

环境简单是指在故障诊断的环境中，仅保留基本的运行部件和被怀疑有故障的部件，不应增加额外的不相关部件，干扰故障排错；另外，我们也可以搭建一个干净的设备环境，确保该环境下的设备都能正常运行后，再逐一添加其他设备，逐步判断和定位故障。

从简单的事情做起，有利于集中精力进行故障的判断与定位。一定要注意，必须通过认真的观察后才可进行判断。

2. 先想后做

根据观察到的现象，我们要先想后做，具体包括以下 3 个方面：第一，想好怎样做、从何处入手之后再动手，即先分析判断，再进行维修；第二，对于观察到的现象，我们尽可能先查阅相关数据，了解相应的技术要求、设备使用特点等，再着手维修；第三，在分析判断的过程中，根据自身已有的知识、经验来进行判断，对于自己不太了解或根本不了解的内容，一定要向有经验的同事或者技术支持方寻求帮助，也可以借助知识库文档，获取必要的技术信息。

3. 先软件后硬件

在大多数电子设备维修判断的过程中，我们必须按照先软件后硬件的顺序，即从整个维修判断的过程来看，先判断是否为软件故障，检查软件问题，如果当软件环境正常时，故障仍不能消失，就从硬件方面着手检查。在物联网传感器设备中，由于固化在设备内部的软件是固件，而固件出现故障的概率偏低，所以可以忽略单一物联网设备因固件引起的软件故障。如果该设备的固件设置涉及很多参数，那么可以考虑重置到出厂状态，再按照先软件后硬件的顺序诊断故障。

4. 抓主要矛盾

设备维修要抓主要矛盾，即分清主次。我们在复现故障现象时，有时可能看到两个或两个以上的故障，此时，应该先判断主要故障。待修复主要故障后，再维修次要故障。

综上所述，故障诊断的处理原则是为故障维修提供一个逻辑判断的方法论，目的是让工程师在故障诊断的过程中提高工作效率、少走弯路。

3.4 故障诊断的方法

在物联网智能家居场景中遇到的故障大多需要工程师进行现场处理，很少涉及二级维修的内容。因此，涉及二级维修的与板卡相关的故障诊断方法，在此将不进行深入介绍。基于故障诊断处理原则，下面介绍一些常用的故障诊断方法。

1. 观察法

观察法贯穿于整个维修过程中。观察不仅要认真，而且要全面。故障维修工程师需要观察的内容包括周围的环境、硬件环境（包括插头、插座等）、软件环境、用户操作习惯和操作过程。

2. 最小系统法

最小系统法是指移除可能有故障的设备，并根据移除前后设备的运行情况，定位故障。移除设备的基本要求是保留系统可以联动运行的最小设备数量，以便缩小故障范围。

3. 逐步添加法 / 逐步去除法

逐步添加法以最小系统法为基础，每次只向场景中的系统添加一个部件设备或软件，检查故障现象是否消失或发生变化，以此来判断并定位故障部位。逐步去除法正好与逐步添加法的操作相反。逐步添加法 / 逐步去除法一般要与替换法配合，才能比较准确地定位故障。

4. 替换法

替换法是用好的部件去替换可能出现故障的部件，以判断故障现象是否消失的一种诊断方法。好的部件可以是同型号的，也可以是不同型号的。替换法优先排序如图 3-2 所示。

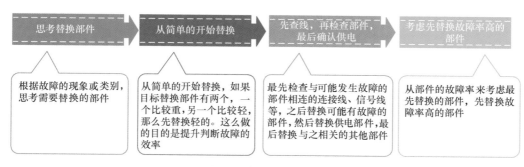

图 3-2　替换法优先排序

5.比较法

比较法与替换法类似，即用好的部件与可能发生故障的部件进行外观、配置、运行现象等方面的比较，我们也可以比较两套设备，以观察其所在环境、配置方面的不同，从而找出故障部件。

6.敲打法

敲打法一般用在怀疑设备中的某个部件出现接触不良故障时，维修工程师通过振动，甚至使用橡胶锤敲打部件或使用设备的特定部件复现故障，从而确定故障部件的一种维修方法。需要特别注意的是，随着科技的发展，设备的集成度越来越高，内部元器件的精密度也越来越高。因为高精密度的元器件的抗震性差，所以它并不适合采用敲打法。在物联网场景中，用到的设备种类非常多，对于精密度高的设备，我们需要谨慎使用敲打法。

(3.5) 故障诊断的步骤

故障诊断可以按照以下5步进行。

第一步：了解情况

了解情况包括维修工程师需要对故障情况进行问询，帮助客户系统地回顾相关情况。这一阶段的重点是与客户做好详细的沟通，并依照故障处理原则和故障诊断方法，去收集足够多支撑工程师对现有故障做出诊断的相关信息。例如，设备使用环境、故障发生的时间和频次、设备目前的状态、客户的使用习惯等。

第二步：复现故障

复现故障包括定义故障和准确记录故障现象。非专业维修人士往往会将设备的某些正常状态识别为故障现象。因此，复现故障的一个重要意义就是从专业的角度去界定当前客户所描述的现象是否属于设备故障情况。另外，维修工程师第一时间接收到的故障现象描述，往往是客户的间接口述，复现故障有利于维修工程师直观了解故障信息。

第三步：掌握原理

掌握原理是指在处理故障的过程中，维修工程师根据复现的故障，掌握该设备的工作原理、掌握故障产生的可能原因以及对所有可能的原因进行排序。掌握这些信息是为了下一步判断故障和推导故障原因充分收集信息。

第四步：判断与维修

判断与维修是首先对所见的故障现象进行判断、定位，然后找出产生故障的原因，并对故障进行修复的过程。引起设备故障的常见原因如下。

① 操作环境。严苛的操作环境是导致智能设备无法正常运行的关键因素，例如，极端温度、对设备的粗暴使用、Wi-Fi 设备不可用、信号阻塞等。

② 集成问题。大多数新的智能家居设备有自己的应用程序，这些应用程序可能与家中的各种路由器、智能集线器和其他系统集成，但也可能不集成。常用的应用和服务仅在特定的设备上使用，数量也会随着设备数量和种类的增加而增加。

③ 设备配置。智能设备配置应该是人性化的，然而许多设备的运行仍需要人们进行手动干预。在这种情况下，基于人工智能的设备配置需求是显而易见的，它能确保快速、有效地设置设备。随着客户将更广泛、更复杂的智能设备带入家中，自动配置此类设备的能力对于智能设备／智慧家庭系统的启用是至关重要的。

④ 连接性。智能设备连接问题是设备发生故障的主要原因，包括设备之间缺乏用于收集数据和路由目的地的信令或双向通信，还包括状态检测问题，智能集线器／路由器必须能够检测智能设备何时离线以及何时重新加入网络等。从这些原因入手，我们可以更方便、更有针对性地检测并修复设备故障。

⑤ 设备负载。随着设备负载和设备数量的增加，在系统中运行的应用程序也会增加，这需要更多的服务器来承载和处理数据，增加了故障发生的可能性。

第五步：全面检验

故障诊断完成后，接下来要做的就是对已经修复的设备进行全面的功能检测，以及对系统场景中的其他部件进行功能检测，以防止还有其他未发现的故障。在完成检测后，一定要让客户参与验收环节，让客户亲眼看到故障已被排除。

下面我们以某物联网场景中的自动窗帘故障为例，整理出以下故障诊断思路。智能门窗类设备故障分析如图 3-3 所示。

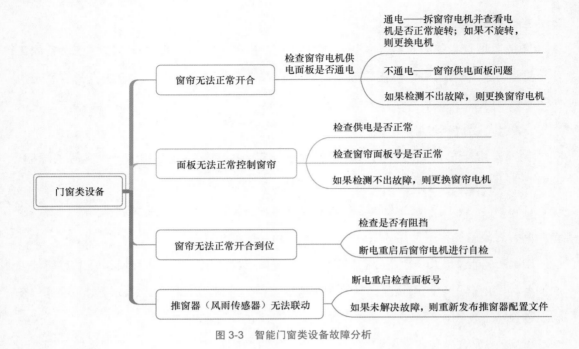

图 3-3　智能门窗类设备故障分析

③.6　故障诊断的复盘

　　总结工作是整个故障诊断流程的收尾工作。工作结果的输出呈现应当是标准的记录文档。这既是企业服务工作记录留痕的标准要求，也是技术部门知识库积累的必要准备。对于工作内容的阶段性总结也是提升学习能力行之有效的途径。因此，维修工程师在故障诊断完成之后，快速对整个服务过程进行复盘，是吸收知识和经验的一个好办法。

　　复盘步骤如图 3-4 所示。

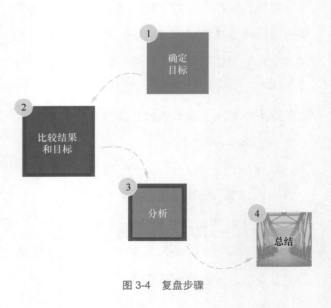

图 3-4　复盘步骤

第一步：确定目标

复盘的目的性一定要明确。当你回顾最初的工作目标时，一定要了解为什么要定这个目标，如果连目标都认识得不够准确，那么复盘是没有意义的。面对一个完整的目标体系，我们可以把目标分解一下，形成阶段性目标。

第二步：比较结果和目标

工作结果要和第一步设定的目标进行比较。在这一步，我们有可能实现了目标，也可能未能实现目标，因此，设定阶段性目标是很有必要的，这样就可以在服务过程中明确每一个阶段的完成进度，找出每一个阶段的结果与目标之间的差距，以及存在的问题。

第三步：分析

如果一件事情做成功了，那么我们要分析该事件成功的客观条件；如果一件事情没有做成功，那么我们也要从分析主观原因入手，既要落实到个人，也要落实到团队。在分析个人和团队时，既要关注客观原因，也要关注人在事件发展过程中的主观能动性，即分析主观原因。

第四步：总结

分析结束后做总结。故障诊断的复盘既可以让我们在工作过程中快速提升能力，又可以让同样的错误不再发生，让我们少走弯路。故障诊断的复盘还可以让我们发现规律，固化操作流程，将来解决同类型的事情时更高效。

在本章结束之时，想送给大家几句话：故障诊断方法在"神"（方法论）不在行（动作），不拘泥于固定操作，方能灵活用之！

本章小结

① 故障诊断要遵循4个处理原则：从简单的事情做起、先想后做、先软件后硬件、抓主要矛盾。

② 物联网场景中最常用的故障诊断方法有观察法、最小系统法、逐步添加法/逐步去除法、替换法、比较法、敲打法等。

③ 故障诊断的5个步骤，分别是了解情况、复现故障、掌握原理、判断与维修、全面检验。

④ 故障诊断的复盘分为4个步骤，分别是确定目标、比较结果和目标、分析、总结。

习题

① 故障诊断从简单的事情做起包括两个方面，分别是什么？

② 一个智能门锁出现了无法按点启动的故障，你在使用观察法进行诊断的时候，有哪些信息是可以收集的？

③ 故障诊断步骤中的"全面检验"非常重要，如果这一步不操作，将会有什么弊端？

④ 结合近期学习中所接触到的维修案例，用复盘的方法做一次总结。

第 4 章

物联网场景服务流程与规范

● 学习要求

① 了解服务的概念，掌握服务的通用规范。

② 掌握物联网场景下的客户维修服务的流程规范。

③ 掌握物联网智能家居的服务流程。

④ 掌握物联网场景的标准服务用语。

● 本章框架

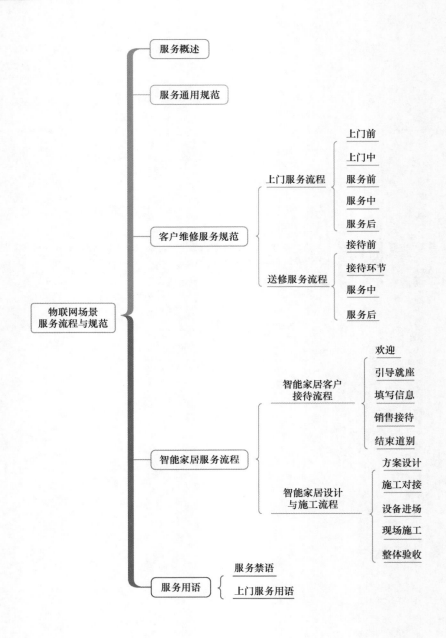

4.1 服务概述

客户服务是为客户提供其所需要的一种服务，是以客户为导向的价值观。从广义上看，客户服务通过各种行为，让客户感受到安全、舒适、温暖。企业服务是企业通过全方位的行为，让客户产生愉悦心理的过程，并将这种愉悦的感受铭记在心，从而让客户成为企业的忠诚客户。

服务时代已经不知不觉地来到我们身边，融入我们的生活，客户对服务的要求也越来越高。产品变成服务的平台，对客户而言，被服务环绕的产品才更具有价值。服务发展的今昔对比见表 4-1。

表 4-1 服务发展的今昔对比

维度	过去	现在
供应商数量	少	多
产品种类	少	多
市场信息	少	多
厂商能力	弱	强
客户的满足度	易	难

随着时代的发展，客户从最初的仅限于基本产品的功能需求，到比较竞品的优劣差异，再升级到关注厂商所提供的增值服务内容，直到现在关注产品的全面体验。这种时代发展和客户需求的双重驱动，促使基本产品之外的附加服务不断升级。客户需求的提升如图 4-1 所示。

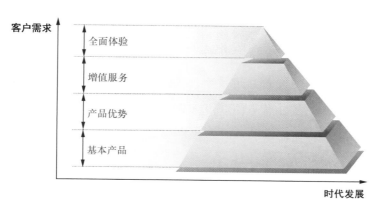

图 4-1 客户需求的提升

我们应该如何为客户创造良好的体验呢？权威机构的调研分析显示，客户满意与否，89%来自企业所提供的服务。也就是说，企业单纯地靠解决问题获得的客户满意度仅占客户整体满意度的11%。其他的细节，例如，可靠性、响应速度、自信心、同理心等服务质量的组成部分，占客户整体满意度的89%。

客户在接受服务时，心理会按照4个阶段发生变化。第一个阶段，客户体验到的是服务的亲和与关切，会感受到被关怀；第二个阶段，客户体验到的是服务的自信和专业，会感受到获得了帮助；第三个阶段，客户体验到的是敏捷的服务和负责任的态度，会感受到被正确理解；第四个阶段，客户体验到的是解决问题的彻底与速度，会感受到问题已经被解决。虽然第四个阶段聚焦到了解决问题上，但体验服务的前三个阶段，也是客户对企业整体服务形成印象的关键阶段。

企业希望自己能为客户提供优质的服务，那么企业怎样才能保证每一次的服务都很优质呢？努力学习前辈的经验、参考同行的方法是很好的途径。服务规范是企业保证自己的服务处于高品质的捷径。对于企业而言，设计好并执行好服务规范，可以保证整体服务的高品质。对于工程师而言，执行好服务规范，能够让我们的每一次服务都赢得客户的尊重。服务规范是用来统一人（工程师）行为的规范，服务规范强调的是对人（工程师）的管理，人（工程师）的行为最终决定了服务质量。

学习服务规范具有3个重要的意义。一是有用，服务规范是一套既有的流程规范，每一个步骤都是经过反复验证的，有了服务规范，我们就能知道做完这一步，下一步该做什么，怎么做。二是有效，服务规范可以帮助工程师少走弯路，避开雷区，更加高效地工作。三是有料，服务规范中吸收了很多优秀工程师的成功经验，其中的很多沟通技术、动作是可以赢得客户好感的，只要按照服务规范做，绝大多数客户就会对工程师有一个好的印象。如果工程师能在服务规范的基础上再提高一些，那么就会积累越来越多的客户，让客户牢牢记住我们。

有这样一个真实的案例。一位工程师在联系客户的时候，没有和客户确认准确的地址，直接按照工单上写的地址去上门服务。他在到达目的地后才联系客户，这时，客户说他已经搬家，且现在的住址离原住址很远。当工程师提出马上赶到客户现在的住址进行服务时，客户以错过约定服务时间、没提前沟通为由拒绝了他。显然这个案例中的工程师不够专业，给客户的印象也许是该公司无法让人信赖。因此，执行好服务规范，我们就能始终如一地为客户提供优质的服务，让客户满意，帮助公司树立口碑。

4.2　服务通用规范

服务通用规范是企业服务岗位工程师的工作规范准则，是工程师群体行为规范的基线，指导工程师的日常工作。

我们以某国际公司的物联网服务通用规范为例，了解企业服务规范的具体细节。

① 服务理念：带走客户的烦恼，让烦恼减少到零，留下真诚。

② 服务宗旨：客户永远是对的。

③ 服务标准：随叫随到，一次就好，创造感动。

◎ 服务标准一——准时上门。该标准是指按客户约定的时间上门。

◎ 服务标准二——一次就好。该标准是指在安装服务中即人货同步到达、送货安装一次到位；在维修服务中即通过周密的计划做到上门后将服务一次做到位。

◎ 服务标准三——限时完成。该标准是指安装服务在 2 小时内完成、维修服务在 1 小时内完成。

1."12345"服务规范

一承诺：随叫随到，一次就好。

二公开：公开出示服务"上岗资格证"和"收费标准"；公开一票到底服务记录单。

三到位：服务前安全测电，安全隐患提醒到位；服务中通电试机，使用常识讲解到位；服务后清理现场，产品一站通检到位。

四不准：不喝客户的水；不抽客户的烟；不吃客户的饭；不收客户的礼。

五个一：递上一张名片；穿上一副鞋套；铺上一块垫布；带上一块毛巾；留下一个好评。

2.5 项组合增值服务

安全测电服务：服务前为客户安全测电并提醒讲解到位。

讲解指导服务：向客户讲解产品使用、保养常识，指导客户正确使用。

一站通检服务：不仅做好本产品的服务，而且对客户家中其他相关设备产品进行通检。

全程无忧服务：向客户提供上门设计、送货、安装、家电清洗、延保、回收、以旧换新等服务。

现场清理服务：服务完毕将现场清理干净。

3. 十要十不准

◎ 工作作风要端正　　　◎ 不准拒绝服务
◎ 爱护企业要同心　　　◎ 不准弄虚作假
◎ 言谈举止要文明　　　◎ 不准违规操作
◎ 对待客户要真诚　　　◎ 不准违规收费
◎ 服装鞋帽要整洁　　　◎ 不准无证上岗
◎ 解决问题要彻底　　　◎ 不准推诿扯皮
◎ 上门服务要准时　　　◎ 不准上门延误
◎ 咨询服务要微笑　　　◎ 不准过度营销
◎ 安装服务要致谢　　　◎ 不准乱讲禁语
◎ 维修服务要道歉　　　◎ 不准态度恶劣

4.3　客户维修服务规范

服务通用规范是从产品的售前服务开始，一直到售中、售后的整体产品体验周期中的全部服务环节中，工程师需要遵守的行为准则。客户维修服务规范聚焦于客户购买产品之后遇到的售后问题，是工程师在提供售后服务的过程中所需要遵守的流程规范。

我们仍旧以某国际公司的客户维修服务流程规范为例，梳理整个维修服务过程。因为该品牌在物联网产业中具有较大的行业影响力，所以其制订的维修服务流程规范具有行业代表性和通用性。

从服务场景来看，维修服务可以分为上门服务和送修服务。我国物联网厂商和物联网系统集成商提供的维修服务形式以上门服务为主。下面我们来具体分析上门服务流程。

4.3.1 上门服务流程

上门服务流程从"上门前"到"服务后"总共分为 5 个阶段。上门服务流程如图 4-2 所示。

图 4-2 上门服务流程

1. 上门前

上门前，我们需要做好 6 项工作。

（1）仪容仪表检查

工程师每天早上自查仪容仪表，网点经理早会进行专门检查。

① 头发。

◎不留长发，发型不得过于突兀。

◎染发可染黑色或暗色，不得染过于夸张、艳丽的颜色。

◎发型梳理整齐，头发经常清洗。

② 面容。

◎每天清洗，不得涂抹气味大的护肤品，不得喷香水等。

◎及时修剪鼻毛。

◎每天刷牙，保持口腔清洁，牙齿干净无残渣，口腔无明显异味。

◎如果是男性工程师，则应及时清理胡须，胡须长度不得超过 1mm。

◎耳朵干净，无耳垢。

③指甲。

◎指甲修剪整齐，不得过长。

◎指甲缝隙中应保持清洁，不得有污物。

④清洁卫生。

◎应经常洗澡，保持清洁，不应有过大的汗味和体味。

（2）服务物资检查

①每天早上对服务物资进行自查与互查。

②通用服务物资。

◎服务监督卡、"五个一"道具、一票到底服务记录单、收据、收费标准、留言条、拉修条等。

③安装服务物资。

◎安全带、盖布。

◎POS机：备好POS机，如果遇到特殊情况，那么需要提前与客户进行沟通，建议客户使用现金付款。

（3）车辆备件检查

某些企业的服务网点会提供服务专用车辆，便于搬运较大的设备。对于有上门车辆的服务网点，车辆备件的准备工作如下。

①每天早上对车辆进行清洁，工具备件装车/携带到位，对车辆进行检查，保证车辆外观和车厢干净整洁。

②有序放置工具、备件、折叠梯等，并配备防护措施。

（4）联系用户

①接收信息，上门之前1小时内主动联系客户，仔细确认故障，全面了解，判断客户在报修故障之外是否还有其他问题，体现关怀精神并且为及时准确地判断故障、一次性解决好问题做好准备。

②如果预约有变化，则要与客户及时沟通，强调承诺兑现。

（5）故障初判

①根据客户的描述，做故障初判，制订维修方案。

②根据客户对产品的故障现象描述初判故障。

③ 初步确定故障原因，策划维修方案。

④ 确定所需的备件及维修工具等。

⑤ 对于无法确定的故障原因，应咨询资深服务工程师和技术经理。

⑥ 根据初判故障维修的难易程度，做好上门服务前的各种准备。

（6）备件准备

① 根据故障初判，检查工具箱中的备件储备；如果工具箱中无相应备件，要向网点备件库申请。

② 如果网点备件库无备件，要进行系统申请，同时工程师仍需上门确认故障，并向客户致歉及解释，明确备件到位时间及再次上门服务时间。

③ 如果备件不能及时到位，则向客户说明理由，并做好道歉工作。

2. 上门中

工程师已经到达客户门前，在进门前到尚未开始工作的这个阶段，要做好以下 4 项工作。

（1）形象检查

工程师进门前，检查自己的仪表仪容。

（2）上前敲门

① 连续敲门两次，每次连续轻敲三下，如果客户门前有门铃，则按门铃。

② 敲门时切忌用力过大或连续敲不停。

③ 客户家中无人时，在门上显著位置粘贴留言条，注明联系方式。

（3）自我介绍

① 进门前要确认客户身份，做好自我介绍。

② 出示"服务资格证"，将其双手递给客户。

③ 自我介绍时应面带微笑。

（4）穿上鞋套

① 使用干净无灰尘的鞋套。

② 先一只脚穿鞋套踏进客户家门，再穿另一只鞋套，踏进客户家门。

③ 进门后，如果服务过程中需要接听电话，应征得客户同意，例如，向客户请求："不好意思，我可以先接个电话吗？"

④ 不允许边打电话边工作或边看微信边工作。

3. 服务前

工程师在进入客户服务现场之后，要对维修服务进行准备，需要做好以下6项工作。

（1）放工具箱

工具箱必须放在垫布上。

（2）递服务监督卡

向客户双手递上服务监督卡，并面带微笑向客户解释服务监督卡的用途，表情真诚。

（3）安全测电

对客户家电源进行安全用电检测，将测电结果告知客户并在一票到底服务记录单上记录好。如果客户家电源存在安全隐患，建议客户找专业电工处理。

（4）听取描述

① 听客户描述故障，安抚客户情绪。

② 向客户解释静电保护措施的标准用语如下。

◎ "我现在使用的是防静电布，要搭建一个局部防静电环境，确保设备不受到静电影响。"

◎ 同时提醒"您在日常使用电子产品时，需要注意静电对设备的伤害。静电防护方法主要有两个方面：一是增加空气的湿度；二是您可以通过接触比较大的金属物体或者采用常洗手的方式来解决。"

（5）故障诊断

① 如果需要更换备件，应检查工具箱内是否携带相应备件。

② 工具箱中未携带备件的，如果网点有备件，则应由网点安排配送，当日完成工单。

③ 如果网点无备件，则应立即进行系统申请，向客户致歉并做好解释工作，明确备件到位时间及再次上门服务时间。

④ 如果故障判断不清，则应暂时回避客户，将问题反馈给技术经理或通过公司内部App等方式求助。

⑤ 如果需要拉修，则要委婉地向客户说明是拉修，为了对机器进行全面检查，可以向客户提供周转机，周转机应消毒，保持干净、卫生。

⑥ 检查拉修产品的外观，向客户提供拉修条并请客户签字确认，与客户约定修复送回时间。

⑦ 拉修产品途中应对产品进行防护，避免磕碰产品。

（6）费用预算

① 根据故障诊断结果向客户解释故障原因、说明维修方式。

② 结合维修方式及更换备件内容，向产品处于保修期外客户出示《服务收费指导价格标准手册》。

③ 按标准计算收费金额，向客户报价并征得客户同意。

④ 如果客户对收费有异议，则应耐心解释，不讲服务禁语。

4. 服务中

工程师进行维修服务，要做好以下 4 项工作。

（1）故障维修

① 向客户说明预计维修用时。

② 按照维修工艺，迅速排除故障。

③ 维修使用的工具、备件等或从产品上拆卸的一切物品必须放在垫布上。

④ 尽可能不借用客户的东西，特殊情况下如果需要借用，则必须征求客户同意。

⑤ 如果需要移动客户家中的物品，则必须提先向客户说明，征得客户同意。

⑥ 如果需要登高，则不允许踩踏客户的物品，需要使用自带的折叠梯。

（2）通电试机

观察产品的运行状态，确认故障已被排除。

（3）讲解服务

① 在向客户讲解产品使用知识时，向客户演示讲解产品的使用方法和维护保养常识。

② 请客户现场演示操作产品，确认客户会使用后，完成讲解服务。

（4）清理还原

① 服务现场清理。将产品恢复到原位；用自带的干净抹布将产品内、外部清擦干净，将现场清理干净。

② 清擦服务现场地面，整理维修工具。

③ 在清理和搬动物品时，不拖拉，防止划伤地面。

5. 服务后

工程师在维修结束后要进行收尾工作，该阶段要做好以下 4 项工作。

（1）一站通检

① 为客户的产品提供一站式通检服务。

② 征得客户同意后，对客户家中其他的相关设备逐一通检保养。

③ 将通检结果告知客户并在一票到底服务记录单上记录。

（2）填记录单

① 请客户在一票到底服务记录单上填写意见。

◎ 填写一票到底服务记录单。

◎ 请客户填写意见，不得让客户填写或强迫客户填写满意。

② 征询客户对服务改进、产品改进等方面的意见和建议。

③ 向客户表示感谢，说明会详细记录客户反映的问题，并转交给相关部门落实改进，同时希望客户能一如既往地关心和支持自己的工作。

（3）带走垃圾

① 对服务过程中产生的垃圾或客户家的垃圾，要很自然地带走。

② 真诚地与客户道别，在出门前先脱下一只鞋套跨出门外，再脱下另一只鞋套。

（4）真诚道别

① 对安装服务的客户应说："感谢您选购产品。"

② 对维修服务的客户应说："非常抱歉，给您添麻烦了。"

③ 出门前，对客户道别："本次服务已经完毕，有任何问题请拨打监督卡上的服务电话或关注服务微信公众号，再见。"

4.3.2　送修服务流程

送修服务流程从"接待前"到"服务后"总共分为 4 个阶段。送修服务流程如图 4-3 所示。

图 4-3　送修服务流程

1. 接待前

接待前阶段，我们要做以下 4 项工作。

（1）仪容仪表检查

工程师每天早上自查仪容仪表，网点经理早会进行专门检查。

① 头发。

◎ 不留长发，发型不得过于突兀。

◎ 染发可染黑色或暗色，不得染过于夸张、艳丽的颜色。

◎ 发型梳理整齐，头发经常清洗。

② 面容。

◎ 每天清洗，不得涂抹气味大的护肤品，不得喷香水等。

◎ 及时修剪鼻毛。

◎ 每天刷牙，保持口腔清洁，牙齿干净无残渣，口腔无明显异味。

◎ 如果是男性工程师，则应及时清理胡须，胡须长度不得超过 1mm。

◎ 耳朵干净，无耳垢。

③ 指甲。

◎ 指甲修剪整齐，不得过长。

◎ 指甲缝隙中应保持清洁，不得有污物。

④ 清洁卫生。

◎ 应经常洗澡，保持清洁，不应有过大的汗味和体味。

⑤ 检查衣服是否有褶皱。

⑥ 检查衣服纽扣是否扣好。

⑦ 检查手机是否调整到震动状态。

⑧ 稍微稳定一下自己的情绪，面带微笑。

（2）开门与问候

① 当客户到达，工程师应及时把门打开，并与客户保持安全距离；应面带微笑，注视客户；用神情、态度、目光和动作拉近与客户的距离，将客户因路途遥远、机器故障产生的烦躁情绪平复下来。

② 如果服务站没有前台引导员，那么负责接待的工程师应主动起立，向客户问好；应面带微笑、注视用户，使用亲切、清晰、标准用语问候客户，接过客户的送修产品，双手托底，轻拿轻放，将产品放在客户机暂存台上；把客户的产品当作自己的物品一样爱

惜，放置产品时注意将产品前面板朝向客户。

③ 前台接待的工程师应有开阔的视野，在关注当前客户的同时，还应时刻了解接待区域其他客户的情况，合理地调配资源，以保障前台接待工作有序、顺畅。

④ 工程师应出示上岗证，指出休息区的位置；应记录客户信息、开检验单。

⑤ 工程师应主动协助客户将送修产品搬进服务站。

（3）排队等待

① 主动告知等待时间，主动关怀客户。

◎取号：帮助客户在排队机上取号，优先安排接待预约客户。在没有排队取号机的服务站，需要由工程师人工引导。如果客户需要等待，那么工程师要引导客户到休息区休息。

◎工程师应主动关怀客户，主动告知客户等待时间。

② 主动介绍服务产品。

◎如果客户不再处理个人事务，那么工程师可以适时递出宣传品（例如，介绍服务产品等）。

◎需要安排工程师每15分钟在休息区服务一次，给予客户关怀，主动送水、报纸和杂志，介绍服务产品信息等。

◎当服务站内没有其他等待客户时，工程师可以对正在接待的客户说："请您到验机台前，我们为您提供服务。谢谢。"

（4）采集信息

① 起立欢迎客户并举手示意。

② 工程师应先整理工作台，按下排队呼叫器后，起身立正，面带微笑，右手举起，五指并拢，掌心向前与面部同高，与客户目光对视后，掌心向内指向座位椅背高度，请客户坐下后，自己再坐下。

◎如果服务站没有排队取号机，则需要通知客户到验机台接受服务，工程师走到客户旁进行通知，注意通知时不要直呼客户的名字，具体可参考标准用语。

◎使用信息采集标准用语引导客户做信息采集。

2. 接待环节

在接待环节，我们要做6项准备工作。

（1）预检

工程师需要主动安抚客户，以减轻客户的焦虑情绪。

◎如果预检时间超过30分钟且客户在服务站内等待，工程师需要主动安抚客户，以减轻客户的焦虑情绪。

◎如果工程师在承诺时间内无法完成服务，那么需要提前告知客户，并在过程中与客户保持联系，主动、积极协调各方资源，向客户通报最新进展，缓解客户的焦虑和不满情绪。

（2）开服务单

① 工程师需要主动迎接并开具一票到底服务记录单。

② 工程师需要提醒客户对产品数据进行备份。采用标准用语并在系统中如实记录。

◎将已经确认的故障现象录入系统。

◎填写取机凭证，并双手递出取机凭证。如果客户对通知时间和方式有特殊要求，那么工程师需要在取机凭证的客户电话标签位置将客户的要求进行标注，以便工程师在通知客户取机时，能关注到客户的特殊要求。工程师需要注意在取机凭证上记录客户所带的附件，包括产品包装、编号等，避免产生误会。

◎对于客户的疑虑，工程师需要耐心地向客户解释。

（3）备件准备

工程师需要根据故障初判检查备件，没有备件要及时申请。

◎根据故障初判，工程师检查工具箱中的备件储备；如果工具箱中无相应备件，工程师则应向网点备件库申请。

◎如果网点备件库无备件，工程师则应进行系统申请，同时上门确认故障，并向客户致歉及解释，明确备件到位时间及再次上门服务时间。

◎如果备件不能及时到位，那么工程师应向客户道歉。

（4）通知用户取机

机器维修完成后工程师应主动联系客户。

① 读取维修信息，工程师认真阅读维修单相关信息，了解服务过程及处理方式。

② 打电话过程中应认真聆听。

③ 拨打客户电话，自我介绍，通知客户取机时可参考标准用语，向客户致谢。

◎如果客户留的是手机号码，那么工程师在自我介绍之后，应向客户询问，核实客户信息。

◎如果接电话者非送修客户本人，那么工程师应告知接电话者维修网点的地址。

（5）自我介绍

① 负责接待的工程师应向客户介绍自己。

② 出示"服务资格证"，双手递给客户。

③ 服务过程中应面带微笑。

④ 查验取机凭证。

（6）核对取机凭证

① 请客户出示取机凭证。

② 工程师应双手接过客户的取机凭证或一票到底服务记录单的客户联后，真诚地说：
"谢谢！"并仔细查看手中的取机凭证。

③ 明确取票凭证无误后，工程师引导客户到休息区休息。一边采用标准用语，一边用手势
指出休息区的位置，力求热情周到。如果客户无法提供取机凭证或非客户本人来取机，那么工程
师应通过维修单上留存的客户电话联系客户核实情况，并把取机客户的有效证件进行复印留存。

3. 服务中

在服务中阶段，我们要做 3 项工作。

（1）故障维修

① 工程师应说明维修时间，迅速排除故障。

◎ 向客户说明预计维修的用时。

◎ 按照维修工艺，迅速排除故障。

② 维修使用的工具、备件等或从产品上拆卸的一切物品必须放在垫布上。

（2）验机

通电试机：观察产品的运行状态，确认故障排除。

① 取出产品时要轻拿轻放，验机时应戴好防静电手环并严格按照维修通检表操作。
工程师在检测产品已经没有问题后，可通知客户验机，请客户亲自操作，待客户确认问题
已经得到解决后，请客户在验机单上签字确认。

② 清洁产品外观，体现专业服务，提升客户的满意度。

③ 打印维修单，请客户在一票到底服务记录单上签字确认，并将一票到底服务记录
单的客户联留给客户。

④ 如果维修需要收费，那么工程师应事先告知客户费用的数额，在征得客户同意后，
再主动为客户提供发票，不要等客户问到发票时，才急急忙忙去拿发票。

（3）讲解服务

① 将客户报修的产品修复正常，并进行试机检查。

② 在向客户讲解产品使用知识时，工程师应向用户演示讲解产品使用方法和维护保养常识。

③ 请客户现场演示操作产品一遍，确认客户会使用后，完成讲解服务。

4. 服务后

在服务后阶段，我们要做 2 项工作。

（1）填记录单

① 为客户的产品提供一站式通检服务。

② 征得客户同意后，对客户携带的其他相关产品逐一通检保养。

③ 将通检结果告知客户并在一票到底服务记录单上记录。

④ 请客户在一票到底服务记录单上填写意见。

⑤ 填写一票到底服务记录单。

⑥ 请客户填写意见，不得让客户填写或强迫客户填写满意。

⑦ 征询客户对服务改进、产品改进等方面的意见和建议。

⑧ 向客户表示感谢，说明会详细记录客户反映的问题，并转交给相关部门落实改进，同时希望客户能一如既往地关心和支持自己的工作。

（2）真诚道别

① 用干净的工具清洁擦拭送修产品。

② 擦拭产品时，清洁布一定要干净、整洁；擦拭主机时要用清洁油，在细节处体现专业素养。

③ 擦拭完产品后，根据客户的特点向客户讲述一些小常识，使客户感受到服务的贴心和专业，例如，调整刷新频率可以让眼睛看屏幕更舒服一些；调整显示器边框可以让显示效果更好；安装一些小软件为客户带来便捷（根据客户的需要和使用习惯安装，不要强行要求客户安装，更不能表达客户已经使用的软件不好或不正规的意思）。

④ 将客户送出维修网点时，应双手抱起产品，主动为客户将产品送到交通工具上，并愉快地向客户道别。

4.4 智能家居服务流程

我们已经学习了物联网场景中维修服务的相关流程规范。在物联网场景中，智能家居是其中一大重要的应用领域。智能家居的服务流程从一个服务请求开始，到最后提供全部的家居安装调试服务结束，贯穿了售前、售中和售后的全部服务环节。

智能家居的服务流程可分为客户接待流程和设计与施工流程两个部分。

4.4.1　智能家居客户接待流程

智能家居客户接待流程从"欢迎"到"结束道别"总共分为 5 个阶段。智能家居客户接待流程如图 4-4 所示。

图 4-4　智能家居客户接待流程

1. 欢迎

在欢迎阶段，工程师应向客户表示问候，并起立微笑。

（1）开场问候

使用开场欢迎标准用语："您好，×× 公司欢迎您，请问有什么可以帮您？"

（2）起立微笑

动作：起立、微笑迎接。

2. 引导就座

使用引导就座标准用语："好的，请您这边就座一下，我先给您倒杯茶，请问之前有家居顾问和您联系过吗？"

动作：倒茶。

3. 填写信息

请客户填写信息登记表，使用标准用语："您好，耽误您 3 分钟填写一下您的一些相关信息，方便我们的家居顾问更好地为您服务。"

动作：拿出信息登记表指导客户填写。

如果客户提出异议，则可以使用标准用语："您不用担心，这个信息我们是保密的，我们的家居顾问需要根据您的相关信息为您提供合理的介绍和服务，请您放心填写。"

4. 销售接待

销售代表接待标准用语："您好，这位是我们公司的金牌家居顾问，这边由他为您提供全面的服务。"

5. 结束道别

使用结束道别标准用语："祝您体验愉快！"

动作：鞠躬道别。

4.4.2　智能家居设计与施工流程

智能家居设计与施工流程从"方案设计"到"整体验收"总共 5 个阶段。智能家居设计与施工流程如图 4-5 所示。

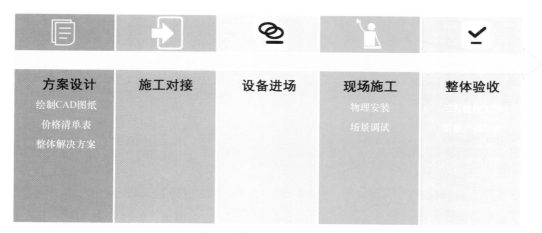

图 4-5　智能家居设计与施工流程

1. 方案设计

在方案设计阶段，我们需要完成 3 件工作。

绘制计算机辅助设计（Computer Aided Design，CAD）图纸：我们需要根据销售端反馈的客户需求确认表及客户需求完成 CAD 图纸的绘制，包括系统架构图、设备点位图、施工布线图、单体设备安装立面图等。

价格清单表：我们需要根据设备点位图统计客户房屋所需设备的数量及整体价格，制作价格清单表。

整体解决方案：我们需要根据 CAD 图纸及价格清单表为客户呈现整套智能家居解决方案，包含所选产品可实现的功能，体现服务的个人定制化。

2. 施工对接

在施工对接阶段，我们需要指导装饰公司人员进行布线工作，根据设备点位图及施工布线图确认各产品的点位、所需线材，同时把握施工中的各个关键节点。

对于施工中遇到的问题，我们应及时给出解决方案，完成布线验收工作，进行底盒预埋点位检查，线材敷设情况检查，同时出具线路验收单，为现场施工阶段奠定基础。

3. 设备进场

在设备进场阶段，我们需要完成施工设备及产品的接收工作，与客户现场确认产品的数量，同时出具产品进场确认单。

4. 现场施工

在现场施工阶段，我们需要完成两件工作。

物理安装：根据产品清单，准备所需辅材及产品，按照标准安装产品，把控施工过程中存在的安全隐患，安装完成后，应检查各个产品通电后的运行情况。

场景调试：根据现场产品的安装情况，与客户确认各个产品的负载定义及所需场景，统计场景调试记录表，完成统计后进行产品的场景调试，检查各个产品的运行状态。

5. 整体验收

在整体验收阶段，我们需要完成两件工作。

与客户、装饰公司完成三方验收工作：根据产品清单，报价、销售及服务合同，产品进场确认单与客户现场确认产品数量及所实现功能是否符合要求，装饰公司人员现场检查装饰是否被破坏。

向客户讲解产品功能：现场为客户进行产品功能使用讲解演示，如果客户提出的问题需要整体更改，那么应在完成更改后输出竣工验收单。

4.5 服务用语

语言是人类社会行为中最重要的交流工具。客户服务行业的第一工作界面就是与客户进行沟通交流，因此，掌握规范的服务用语是从业工程师的必备技能。

 ## 4.5.1　服务禁语

服务禁语是指不规范的服务用语，包含蔑视语、烦躁语、否定语、斗气语等。工程师使用这些敏感词语后极易引起客户抱怨，这也是对客户不尊重的一种行为。当客户对服务或产品有意见时，工程师要认真聆听，如果是属于自己的过失，则要马上改正；如果是属于他人或其他部门的工作，则应主动帮客户传达，形成沟通闭环，保证客户满意。服务禁语见表 4-2。

表 4-2　服务禁语

类别	原则上回复客户的问题	客户对产品有疑问	客户产品安装调试	客户有购买需求	其他因素影响服务开展	与客户沟通礼貌方法	客户有投诉倾向
禁语	"不知道""不清楚""可能……""也许……"等推诿责任或不确定的词语	● 这个产品就这样，没有办法解决，凑合着用 ● 这种型号的产品噪声确实比较大，但不超出标准 ● 这种型号的产品都是这样的，这是设计问题，我无能为力 ● 这是老型号的产品，我们都不销售了，这个机器修不好，请您退（换）货吧 ● 这是内在质量问题造成的，无法解决 ● 您刚买的产品可以退（换）货，现在产品质量不如从前了，也就只能用几年	● 这是新上市的产品，我没见过，不会安装（或调试） ● 我们不能这样装，出问题自己负责 ● 公司要求必须这样做，没办法装 ● 您在选择这个产品时就有问题，产品根本不适用 ● 调试这个产品很简单，自己看看说明书就会了 ● 这个产品比较便宜，性能（噪声、洗净度等）就这样	● 这个产品比较贵，不如购买其他型号 ● 这种型号的产品质量不过关 ● ×× 品牌就不存在这样的问题 ● 建议你还是选 ×× 品牌的产品吧 ● 这个型号产品的功能或质量不好，最好不要买	● 现在备件还没有到位，等备修吧 ● 这种型号的产品是老产品，没有备件，修不了 ● 这是您自己的问题，我无法解决，找其他部门吧 ● 这事我说了不算数	● 使用"哎！"等无称呼用语或直呼客户姓名 ● 在未听清楚客户所讲的话时直接回复"什么？" ● 自我介绍时，称"我是老×"	● 你爱找谁投诉，就找谁 ● 你找谁投诉也没用，最后还是我们来处理

 ## 4.5.2　上门服务用语

① 当收到任务单时，工程师要第一时间与客户沟通，说明自己的情况并确认上门服务时间。

参考用语："× 先生 / 小姐，您好，我是 ×× 服务人员 ××，您是否要清洗 ×× 家电？好的，我将在 × 日 × 时上门为您服务。这是我的手机号码，您有任何问题请随时与我联系。"

② 临时遇到特殊情况不能按时上门服务时，工程师要及时主动与客户沟通。

参考用语："× 女士 / 先生，您好，我是 ×× 服务人员 ××，之前与您约定的 × 月 × 日上门给您清洗 ×× 家电。实在不好意思，由于 ××，所以我不能按照原时间上门服务，非常抱歉占用您的时间，是否可以约定时间为 × 日 × 时？或者其他您方便的时间？"

③ 出现客户电话无人接听或联系不上的情况。

按客户报修的地址上门，避免迟到，同时准备好留言条。

④ 机器正常但用户不认可。

向客户详细讲解产品的使用常识，现场操作使用步骤，取得客户的认可。如果客户坚持观点，不要强行讲解，答复客户将问题上报，约定再次回复或上门时间。

⑤ 杜绝使用服务禁语。

服务禁语："这种型号的产品都是这样的，您凑合着用吧！""产品内在质量问题造成的（就是这样设计的），无法解决。"

⑥ 客户对产品提出改进建议和要求。

向客户表示感谢，说明会详细记录客户反映的问题，并转交给相关部门落实改进。如果客户要求回复，则告诉客户自己会在多长时间内回复；同时希望客户能一如既往地关心和支持自己的工作。

本章小结

① 物联网场景服务中的上门服务流程有 5 个环节，即上门前、上门中、服务前、服务中、服务后。

② 物联网场景服务中的送修服务流程有 4 个环节，即接待前、接待环节、服务中、服务后。

③ 智能家居服务流程分为智能家居客户接待流程和智能家居设计与施工流程两个部分。

④ 蔑视语、烦躁语、否定语、斗气语等属于服务禁语。

习题

① 与一位同学一起演练一遍上门服务流程，注意关键动作要做到位。

② 与一位同学一起演练一遍送修服务流程，注意关键动作要做到位。

③ 与一位同学一起演练一遍智能家居服务流程的两个部分，注意关键动作要做到位。

第 5 章

物联网智慧家庭产品与方案销售

学习要求

① 了解学习物联网智慧家庭产品与方案销售的必要性。

② 掌握销售五步法。

③ 掌握 SPIN 销售法则。

④ 掌握 FABE 销售法则。

本章框架

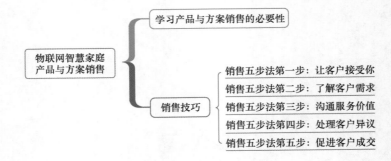

5.1 学习产品与方案销售的必要性

作为一名物联网行业的工程师，我们为什么要学习产品方案销售的技能呢？这可能是很多同学最开始学习时产生的疑问。

销售是什么？我们常听到的说法是"销售就是把产品卖给客户""销售就是把话说出去，把钱收回来！"如果我们只关注这种取巧方式，就会忽略事物的本质，失去做事的目标，会让结果变得南辕北辙。商业的本质是价值交换，销售要解决的根本问题是满足客户的需求。为什么有的时候工程师对客户说了很多，客户却不买单，这未必是产品不好，而是客户认为产品可能没有解决自己的需求。还有一种可能是，客户希望为这个需求所准备付出的价值，小于产品本身的价值。

产品与方案销售是销售的一个分支，通过洞察客户的决策过程，深入挖掘客户的需求，从客户的角度定义价值，并且使客户相信你的解决方案超出了他的预期。

5.2　销售技巧

工程师作为客户的第一接触人，获取客户信任是建立关系的首要目标。如果工程师想要获取客户信任并建立销售关系，则需要在服务的过程中体现出专业性。如果工程师不能很好地处理和解决客户的问题，就难以与客户建立起足够的信任关系，也就谈不上开展后续的其他服务了。

我们为工程师提供了一套行之有效的销售方法，这套方法被称为销售五步法。市面上类似于这种销售五步法的命名有很多个版本，内容不尽相同。这并不重要，因为适用的就是最好的。我们只要关注这 5 个步骤具体的实施细节，就可以快速掌握物联网服务场景下如何挖掘客户需求，并最终实现销售目标。

5.2.1　销售五步法第一步：让客户接受你

在物联网服务场景下，如何才能做到让客户接受我们的产品呢？正如上文提到的，让客户接受你首先要获取客户的信任。美国心理学家艾伯特·梅拉比安曾提出一个著名的沟通定律—— 55387 定律。55387 定律是指决定沟通效果的 55% 体现在外表、穿着、打扮，38% 体现在肢体语言及语气，7% 体现在谈话内容。

获取客户信任的一些关键技巧如下所述。

1. 坦诚待人

在任何时候让客户感受到你的坦诚，这是在建立信任关系的过程中至关重要的一个环节。如果客户认为你说了一句谎话，那么即使你后续说了一百句真话，这些话也将被客户在心中反复质疑。

2. 行为专业

展示你专业的一面，专业人士总是会让人认为值得信赖。

3. 举止得体

得体的行为举止可以恰当地展示公司的实力，能够给客户带来更多的信心。

在服务的过程中，我们有很多方法可以让客户建立起对我们的信任。我们可以展示出我们的专业风采，高超的维修检验技术，站在客户的角度出发关注客户的需求、建立双赢的客户关系等。

正如松下幸之助所说，信任既是无形的力量，也是无形的财富。

5.2.2 销售五步法第二步：了解客户需求

客户的需求是什么，下面我们用一个简单的公式来表示。

客户需求 = 明确的问题 + 改变的愿望

明确的问题是指客户能够意识到自己遇到了一个确切的问题，这个问题应该是具体的。如果客户无法确定具体遇到了什么问题，那么我们就很难根据客户的问题给出可落地的解决方案。

改变的愿望是指客户对"现状"有着改变意愿。如果单单只有问题存在，而没有客户希望改变"现状"的意愿，那么这就是一个"伪需求"。我们在定义客户需求的过程中，要做到知其然且知其所以然，这就是根本原因分析中的深度追因过程。根本原因是多层级的，根本原因所处的层级越深，最后能够获得的收益也会越大。如果对客户的需求未做深度的根本原因分析，只停留在浅层原因上，那么所推导出来的解决方案就是未解决根本原因的方案，得到的结果往往与预期南辕北辙。

在售后服务场景中，工程师确定客户需求变得更加困难。客户在购买产品时，往往处于一个开心的状态。而客户在遇到产品问题，求助售后服务部门时，情绪状态与购买产品时截然相反，往往是郁闷、焦虑、不安，甚至是愤怒的，在这种状态下，客户的情绪很容易影响其他人，因此专业的工程师不但不能被客户的负面情绪影响，而且要积极地化解负面情绪，这样才能显示出自己的专业性，完成高品质的服务。

工程师能够判断客户的情绪是非常关键的。当一个客户愤怒地拍着桌子、表示出非常不认可的时候，不专业的工程师还试图要完成销售目标，显然成功的机会是非常渺茫的。因此，工程师需要关注客户的情绪，学会化解客户的负面情绪。

探寻客户需求，最直接的方法是通过询问来挖掘我们想要的信息。

开放式问题是在谈话技巧中与封闭式问题相对的一种提问类型。要想让谈话继续下去，并且有一定的深度和趣味，我们就要多提开放式问题。开放式问题就像问答题一样，不是用一两个词就可以回答的，它需要解释和说明，同时也可以看出回答人是否对你说的话感兴趣，是否还想了解更多的内容。例如，两个人刚一见面寒暄时，一个人问："最近怎么样啊？"另一个人回答："哎呀，别提了，最近我接的这个项目，忙得我整天脚打后脑勺。"这一番对话就是一种很常见的以开放式问题作为开场的对白。两个人偶遇，一方想抛出一个令另一方感兴趣的话题，但他并不确定什么话题是对方感兴趣的，因此用"最近怎么样啊？""最近忙啥呢？"这一类问题试探另一方。而另一方的回应往往是自己当下最关注的事情，并对这个话题特别有倾诉欲，于是，对话就顺利地进行下去了。

封闭式问题是指事先设计好各种可能的答案，以供被提问方选择的问题。封闭式问题的答案是选择回答型，因此被设计出的答案不能重合，必须要互斥和穷尽。在谈话技巧中，封闭式问题多用于"确认"。例如，"如果我没有理解错的话，您在寻找一种直接用语音就可以实现调节灯光亮度的智能灯，是吗？"这个封闭式问题，就是在实现客户咨询过程中工程师对信息"确认"的作用。当然，在谈话技巧中，对于某些特定场景，封闭式问题只是用于沟通中的寒暄，答案是什么并不重要。

总之，学会使用谈话中的开放式问题和封闭式问题，是把握好沟通节奏的关键，这样可以让我们更高效、更准确地挖掘客户需求，提升产品销量。

下面为大家介绍在产品与方案销售过程中常用的一种销售方法——SPIN 销售法则。

SPIN 销售法则是由知名销售专家尼尔·雷克汉姆创造的一套系统化的销售理论和销售方法，可以为工程师提供一种非常有效的指导思路，通过有策略的谈话揭示问题、发掘客户需求。

SPIN 销售法则将需求发掘的沟通过程分为 4 个阶段：创造情境、探寻问题、激发不满、呈现愿景。每一个阶段分别对应一类问题：背景性问题（Situation Questions）、难题性问题（Problem Questions）、暗示性问题（Implication Questions）、收益性问题（Need-Payoff Questions）。

1. 创造情境

这既是沟通暖场，也是探寻背景的阶段，主要目的是工程师使用一系列背景类问题将客户带入沟通情境中，同时搜集信息、了解客户的业务现状，为下一阶段的谈话内容做铺垫。

2. 探寻问题

结合了解到的信息，揭示客户业务中存在的问题，问题可以由工程师提出，也可以通过对客户进行引导，由客户主动提出。然后工程师再通过交流，对问题进行验证，向客户确认问题的存在。

3. 激发不满

工程师通过一些暗示性提问强化问题的存在，引导客户意识到问题的严重性，激发客户对现状的不满和重视。

4. 呈现愿景

工程师通过收益性问题，把客户的思路引导到对解决方案的探寻上来，同时可以抛出自己的解决方案，并为客户描绘愿景，使客户明确产品价值和购买收益。同时，这一步也是导入产品的好机会。

某物联网场景系统集成商的售前方案工程师到一家房地产商的装修部门拜访，下面是售前方案工程师和客户的对话。

Step1：创造情境

售前方案工程师：咱们这个楼盘这次要精装修的房间有多少间？

客户：大概有300间吧。

售前方案工程师：这个量不小了，如果这次是要统一精装修成智慧家庭类型的房间，为了体现出智慧家庭的这一精装修卖点，您希望实现哪些功能呢？

客户：很多功能希望被涵盖到装修方案中，包括智能家居、智能娱乐、智能安防等。

Step2：探寻问题

售前方案工程师：那之前贵公司所确定的智慧家庭方案是什么样的，有什么希望提升和改进的点吗？

客户：确实有，房间各个区域的功能都相对独立，联网效果也不够好，一直没有什么好的解决办法。

售前方案工程师：以往如果出现设备掉线、断网等情况都是怎么处理的呢？

客户：基本是靠人工解决的，是由我们物业公司的服务人员直接上门处理的。

Step3：激发不满

售前方案工程师：如果出了问题总是靠人工解决，这既增加了后期的物业服务的人力成本投入，又有损我们公司的品牌口碑啊？

客户：是啊，但没办法，只能是日常多巡检、多维护，出了问题赶紧处理。

售前方案工程师：你们的工作也够辛苦的了，要24小时绷紧神经，出了问题后，物业公司的绩效和个人奖金也会受影响吧？

客户：是啊，出现问题后，那些业务部门就找我们抱怨，是我们方案选型给他们埋的"坑"，领导也责怪我们，上个月我们整个部门都被扣了绩效……

Step4：呈现愿景

售前方案工程师：那有没有考虑过优化智慧家庭方案呢？例如，在现有方案的基础上，升级主干网络的带宽，升级终端设备。

客户：以前确实这样考虑过，但一直没找到太好的解决方案，以前考虑的是能实现带宽不拥堵，终端设备可以实现掉线类故障自动重启解决，你们公司有这样的解决方案吗？

售前方案工程师：我们公司现在有一套最新的物联网智慧家庭解决方案，可以自动对数据中心所有数据进行增量备份，这样即使服务器失灵或重启都没有关系，我们可以做数据的无缝还原，终端设备选型也支持遇到掉线问题自动尝试重启，减少人工处理。

客户：你们真有这样的方案了？

售前方案工程师：是啊，对于您刚才提到的那些困扰，我们这一套方案就都能解决了，您感觉怎么样？

客户：好，再详细给我介绍一下。

SPIN 销售法则最主要的精髓在于满足客户的需求，工程师应充分练习发问技巧，利用背景性问题（Situation Questions）来建立客户的背景资料库，并以难题性问题（Problem Questions）来探索客户的隐藏性需求，接着采用暗示性问题（Implication Questions）使客户了解隐藏性需求的重要性与急迫性，进而提出收益性问题（Need-Payoff Questions）让客户产生明确的需求，最后提出解决方案，让客户感受到产品或服务的价值以及购买利益（Benefits）并支持，最终实现成交的目的。

5.2.3　销售五步法第三步：沟通服务价值

如何理解沟通服务中的价值呢？所谓价值，就是沟通能为企业、对方、自己带来什么，这是沟通存在的前提和基础。为了体现产品的价值，工程师要让客户了解产品的特点和功能，还要有具体的证据。如何才能把某个产品的价值向客户讲明白呢？在这里我们给大家介绍一个非常有效的销售工具——FABE 法则。

准确找到你所销售产品的卖点，让你的产品成为客户需要的产品才是你与客户建立信任的根本。

很多工程师在给客户介绍产品卖点时，总是喋喋不休地说话，自以为卖点说得越多越好，其实客户并没有记住你到底说了些什么。而从产品的角度来讲，过多地讲述卖点其实是毫无意义的。工程师的"卖点"永远只有产品属性、优势和利益 3 个，如果工程师能够逻辑清晰地将这 3 个卖点传递给客户，就能很好地获取客户的信任。

FABE 销售法则是非常典型的利益推销法，它通过特点（Features）、优势

（Advantages）、利益（Benefits）和证据（Evidence）4 个关键环节，极为巧妙地处理好客户关心的问题，向客户推荐最符合要求的产品优势和可获得的利益，并使其产生购买动机，从而顺利地实现产品的销售。

F（Features）代表功能与卖点：包括产品的特质、特性等最基本的功能，主要回答"它是什么？"

A（Advantages）代表解决问题后带来的好处：即所列的产品特性究竟发挥了什么功能？与同类产品相比，列出它的优势，主要回答"它能做到什么？"

对工程师的要求：针对第一步介绍的产品特点，寻找出特殊的作用或功能。

B（Benefits）代表实现梦想，带来利益：即上一环节产品的优势带来的好处。利益推销已成为推销的主流理念，一切以利益为中心，通过强调可得到的利益、好处激发客户的购买欲望，主要回答"它能带来什么好处？"

对工程师的要求：需要深入挖掘需求，找到最能打动客户的点。

E（Evidence）代表证据：包括案例、可衡量的数据。证据具有足够的客观性、权威性、可靠性和可见证性，主要回答"怎么证明你讲的好处？"

"猫、钱、鱼"的故事

一说到 FABE 销售法则，就不得不谈"猫、钱、鱼"这个经典故事，下面就让我们通过这个经典故事来进一步解读 FABE 销售法则。

一只猫非常饿，想大吃一顿。这时主人却推过来一摞钱，可是这只猫没有任何反应——这一摞钱只是一个属性（Features）。

猫躺在地上，非常饿，主人过来说："我这儿有一摞钱，可以买很多鱼。"买鱼就是这些钱的作用（Advantages）。但是猫仍然没有反应。

猫非常饿，想大吃一顿。主人说："我这儿有一摞钱，能买很多鱼，你可以大吃一顿了。"话刚说完，这只猫就飞快地扑向了这摞钱（Benefits）——这个时候就是一个完整的 FABE 的顺序。

然而，想要更深层次地理解 FABE，我们需要知道 FABE 的前提条件：需求！

猫吃饱喝足了，这时主人继续说："我这儿有一摞钱。"猫肯定没有反应。主人又说："这些钱能买很多鱼，你可以大吃一顿。"可是猫仍然没有反应。原因很简单，它的需求变了——它不想再吃东西了，而是想见它的女朋友了。

FABE 销售法则示例——"猫、钱、鱼"的故事如图 5-1 所示。

图 5-1　FABE 销售法则示例——"猫、钱、鱼"的故事

下面我们用一个具体的物联网产品的 FABE 销售实例，总结一下 FABE 销售法则在产品与方案销售场景中的运用。在某物联网场景服务过程中，工程师给客户成功推荐了智能音箱升级款。

"您好，张先生，这是您现在使用的音箱品牌的升级款音箱，这一款音箱具备了识别指定使用人的声纹的功能（特点），可以把您和您家人的声纹采集到音箱的数据库中，并支持在云端存储数据（优势），能避免非授权人员用语音直接控制音箱（好处），这款音箱是这个月刚推出的，我已有 30 个客户订购了，而且有 2 个客户加购了 3 台，说是给家人朋友的（证据），您看您要不要也体验一下？"

FABE 销售法则就是在找出客户最感兴趣的各种特征后，分析这些特征所产生的优点，找出这些优点能够带给客户的利益，最后提出证据。这 4 个关键环节的销售模式可以解答客户消费诉求，证实该产品确实能够带来这些利益，极为巧妙地处理好客户关心的问题，从而顺利实现产品与方案的销售目的。

5.2.4　销售五步法第四步：处理客户异议

销售进行到这一步，工程师往往会遇到需要处理客户异议的情况。客户异议是客观存在的、不可避免的，它是成交的障碍，也是客户对产品产生兴趣的信号。如果工程师处理得当，就会使推销工作进一步深入下去。可以说，任何销售几乎是从处理客户异议开始的，工程师只要遵循处理客户异议的原则，就不必惧怕它。

处理客户异议的 4 个步骤：认同、赞美、转移、反问。

1. 认同

工程师应站在客户的角度去理解客户的反应，至少从言语上认同他的观点，缓解客户的情绪。

2. 赞美

结合客户的外貌、着装、需求和当时的场景等，工程师应给予客户真诚的赞美。只要能说出客户的心声，让客户满意。

3. 转移

绕过客户有异议的话题，转移到与他产生切身体会的另一个话题。例如，客户不愿意选择智能门锁（具有指纹录入、远程开锁等功能），原因是担心门锁没电了不安全，那么你可以把话题转移到客户的家庭情景上，如果他是与父母同住，是否有可能出现父母身体不便，亲戚来访却开门不方便的情况？是否会有父母的年纪大了，记忆力没有年轻的时候好，钥匙总是忘记带在身上，把自己锁在门外的情况？如果配了智能门锁，那么这些问题就迎刃而解了。况且现在智能门锁在低电量的时候就开始预警，还可以远程把提示信息发送到用户的手机 App 上，提醒用户更换电池。这一步就是借力打力，顺势又回到有异议的话题。

4. 反问

最后你只要反问客户一句，您看我说得对吗？你必须要自信地说出这句话，那么基本上大部分的异议就有可能迎刃而解了。

我们整理了常用的几种处理异议的方法，灵活地掌握并运用它们可以更好地帮助我们处理客户的异议。

转折处理法是常用的方法，即工程师根据有关事实和理由来间接否定客户的意见。应用这种方法首先要承认客户的看法是有一定道理的，也就是向客户做出一定的让步，然后再讲出自己的看法。一旦此法使用不当，可能会使客户提出更多的问题，产生更多的意见。工程师在使用该方法的过程中要尽量少使用"但是"一词，而实际交谈中却包含着"但是"的意见，这样效果会更好。只要灵活掌握这种方法，在洽谈过程中就会保持良好的气氛，为自己的谈话留有余地。

客户提出工程师推荐的产品型号过时了，工程师不妨这样回答："先生，您对最新产品的发布动态真的是非常了解，这款产品确实是去年上市的一款。我想您是知道的，适用的就是最好的，新款提供的新功能在您的应用场景中并不是必要的，而它的价格却高出了很多。"这样就轻松地反驳了客户的意见。

以优补劣法，又叫补偿法，如果客户的反对意见确实是产品存在的缺陷，千万不可以回避或直接否定。明智的方法是先承认客户的意见是正确的，肯定产品的缺点，然后利用产品的其他优点来补偿和抵消这些缺点。这样可以使客户的心理达到一定程度上的平衡，也可以使客户做出购买决策。

当客户说出"这产品的质量好像不太好"时，工程师可以回答："您真是这方面的专家，因为这种产品与其他型号相比，功能没有那么齐全，所以我们才降价处理的。不但价格优惠了许多，而且店铺还确保这种产品的质量不会影响您的使用效果，我们有强大的售后服务来保证客户的使用，做到让客户使用无忧。"这样一来，既打消了客户的疑虑，又以价格优势激励客户购买。这种方法侧重于在心理上对客户进行补偿，使客户获得心理上的平衡感。

合并意见法是指把客户的反对意见集中在一个时间讨论，起到削弱客户反对意见影响的作用。切记不要在一个反对意见上纠缠不清，工程师在回答了客户的反对意见后应该马上转移话题，这样才能更好地处理客户的异议。

价值反驳法是指工程师根据事实直接否定客户异议的处理方法，一般用于客户的反对意见是基于其对产品的误解，且工程师手头上的资料可以帮助说明问题时，在这种情况下，工程师不妨直言否定，但要注意态度一定要友好温和，最好是引经据典，这样才更有说服力，同时又可以让客户感到工程师的自信心，从而增强客户对产品的信任。价值反驳法的不足之处在于容易增加客户的心理压力，处理不好会伤害客户的自尊心和自信心，不利于促成交易。

冷处理法是对于客户的一些不影响成交的意见，工程师最好不要反驳，而是采用冷处理法。对于无法成交的问题，工程师最好转向谈论与产品有关的问题。零售专家认为，在实际产品与方案销售的过程中，80％的反对意见应该被"冷处理"。当然，这种方法也存在不足，有时不理睬客户的反对意见，反而会引起某些客户的注意，使客户产生反感。有些反对意见与客户的购买关系重大，工程师把握不准时将不利于成交。因此，使用这种服务方法时必须谨慎。

5.2.5　销售五步法第五步：促进客户成交

客户购买兴趣的时间曲线如图 5-2 所示。

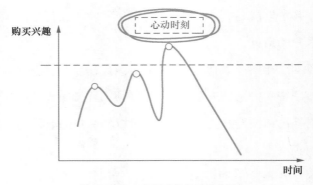

图 5-2　客户购买兴趣的时间曲线

客户在做购买决定时常常希望得到他人的支持和推动，以使自己更加放心地做出决定。因此，工程师在时机成熟时，应该给予客户心理上的帮助。促成成交的"临门一脚"也有几个小技巧，我们整理了一些分享给大家。

1. 优惠法

针对有些客户精打细算的习惯，让其得到优惠或好处，从而吸引其付诸购买。

2. 感情法

投客户感情上之所好，为客户提供帮助，使其产生亲和需求，并得到满足，从而激发认同感，建立心理相容的关系，缩小或消除买与卖双方矛盾的心理距离，最终达到销售目的。

3. 优势法

向客户提示购买产品会给其带来的好处，从而激发客户的购买欲望。

4. 以攻为守法

估计客户可能会提出反对意见时，工程师应提前主动将问题提出，并加以说明。

5. 从众心理法

利用客户从众的心理特点，利用大量成交的气氛，令客户产生紧迫感，从而提升客户的购买概率。

6. 诚信法

用诚心诚意、讲信用、守承诺的态度来获取客户的信任。

本章小结

① 销售要解决的根本问题是满足客户的需求。

② 销售五步法分别为让客户接受你、了解客户需求、沟通服务价值、处理客户异议、促进客户成交。

③ 销售方法论之 SPIN 销售法则，可以为工程师如何通过沟通开发客户需求提供一种非常有效的指导思路，可以训练工程师通过有策略的谈话揭示问题、激发需求。

④ 销售方法论之 FABE 销售法则，可以极为巧妙地处理好客户关心的问题，向客户推荐最符合其要求的产品利益，并使其产生购买动机，从而顺利地实现产品的销售。

习题

① 请以某一个品牌的物联网产品为例（例如，小米的网络摄像头），使用 FABE 销售法则，生成该产品的销售用语。

② 与一位同学一起使用 SPIN 销售法则，模拟一次面向企业业务的商机拜访场景，挖掘客户的物联网智慧家庭产品与方案销售需求。

第 6 章

物联网场景部署的技术规范

① 掌握强电和弱电的基础知识。

② 掌握物联网场景部署常用工具的使用方法和注意事项。

③ 掌握物联网场景部署工作的技术规范。

● 本章框架

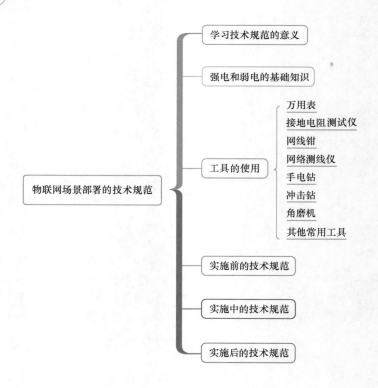

6.1 学习技术规范的意义

在学习了第 4 章物联网场景服务流程与规范之后，有同学再读到此章可能会产生疑问，既然已经学习了服务规范，为什么还要学习技术规范呢？服务规范和技术规范是服务过程中的两个方面，服务规范强调的是服务流程中的非技术类动作的标准要求，技术规范则强调的是服务流程中的技术类动作的标准要求。

技术规范可以帮助工程师在服务过程中熟练地运用技术，提高自己的专业服务能力、规范服务流程、展现专业的服务形象。同时，技术规范又源于工程师工作本身的刚性要求，是从优秀员工的行为中汲取成功经验，是一种智慧传承。技术规范以规避服务风险为第一要务，是一套经过多年企业服务积累沉淀下来的优秀方法论。

6.2 强电和弱电的基础知识

在日常工作中，我们难免会跟电打交道，本小节将介绍电的基础知识。

6.2.1 强电

电学上，我们习惯将电分为强电和弱电两个部分。二者既有联系又有区别，一般来说，强电的处理对象是能源（电力），其特点是电压高、电流大、功率高、频率低，主要考虑的是减少损耗、提高效率的问题。弱电的处理对象主要是信息，即信息的传送和控制，其特点是电压低、电流小、功率低、频率高，主要考虑的是信息传送的效果问题，例如，信息传送的保真度、速度、广度和可靠性。一般来说，弱电系统工程包括电视信号工程、通信工程、智能消防工程、保安工程、影像工程等，以及为上述工程服务的综合布线工程。弱电是针对强电而言的。

在电力系统中，36V 以下的电压被称为安全电压，3kV 以下的电压被称为低压，3kV 以上的电压被称为高压，直接供电给用户的线路被称为配电线路，例如，用户家中的电压为 380V/220V，这被称为低压配电线路，也就是家庭装修中所说的强电（因为它是家庭使用所达到的最高电压）。家用的照明灯具、电热水器、取暖器、冰箱、电视机、空调、音响设备等均为强电电气设备。

6.2.2 弱电

弱电一般是指直流电路或音频、视频线路、网络线路、电话线路，直流电压一般在 24V 以内。家用电器中的电话、计算机、电视机的信号输入（有线电视线路）、音响设备（输出端线路）等均为弱电电气设备。

智能化系统包括建筑设备监控系统、安全防范系统、通信网络系统、信息网络系统、火灾自动报警及消防联动等系统，是以集中监视、控制和管理为目的构成的综合系统。而家庭内各种数据采集、控制、管理，以及通信的控制或网络系统等线路，则被称为智能化线路（也就是家庭装修中所说的弱电）。

建筑中的弱电主要有两类：一类是国家规定的安全电压以及控制电压等低电压电能有交流与直流之分，例如，24V直流控制电源或应急照明灯备用电源；另一类是载有语音、图像、数据等信息的信息源，例如，电话、电视机、计算机的信息。

狭义上的建筑中的弱电主要是指安防（监控、周界报警、停车场）、消防（电气部分）、楼宇自动化系统、网络综合布线和音频系统等。

6.2.3 强电和弱电的区别

从概念上讲，强电是动力能源，弱电被用于信息传递。强电和弱电的室内示意如图6-1所示。

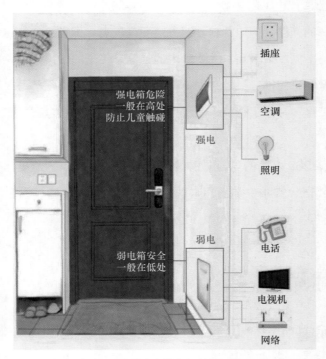

图6-1 强电和弱电的室内示意

强电和弱电有以下几点区别。

1. 交流频率不同

强电的频率一般是50Hz，被称为工频，即工业用电的额定频率。而弱电的频率往往是高频或特高频，以千赫（kHz）、兆赫（MHz）计。

2. 传输方式不同

强电以输电线路传输，弱电的传输有有线与无线之分。

人们习惯把与弱电相关的技术统称为弱电技术。随着现代弱电技术的迅速发展，智能建筑中的弱电技术得到了越来越广泛的应用。

弱电系统工程主要包括以下 5 个方面。

① 电视信号工程，例如，电视监控系统、有线电视。

② 通信工程，例如，电话等。

③ 智能消防工程。

④ 扩声与音响工程，例如，小区中的背景音乐广播、建筑物中的背景音乐广播等。

⑤ 综合布线工程，主要用于计算机网络。计算机技术的飞速发展使弱电系统的软硬件功能迅速强大。弱电系统工程和计算机技术的完美结合，使工程的分类不再像以前那么清晰。各类工程相互融合，形成系统集成。

常见的弱电系统工作电压包括 24V 交流电、16.5V 交流电、12V 直流电，有时 220V 交流电也被认为是弱电系统工作电压，例如，有些摄像机的工作电压是 220V 交流电，我们就不能将其归入强电系统。弱电系统的主要应用载体是建筑物，包括大厦、小区、机场、码头、铁路、高速公路等。

常见的弱电系统包括闭路电视监控系统、防盗报警系统、门禁系统、电子巡更系统、停车场管理系统、可视对讲系统、家庭智能化安防系统、背景音乐广播系统、LED 显示系统、等离子拼接屏系统、数字光处理（Digital Light Processing，DLP）大屏系统、三表抄送系统、楼宇自控系统、防雷与接地系统、寻呼对讲及专业对讲系统、弱电管道系统、不间断电源系统、机房系统、综合布线系统、计算机局域网系统、物业管理系统、多功能会议室系统、有线电视系统、卫星电视系统、卫星通信系统、消防系统、电话通信系统、酒店管理系统、视频点播系统、人力资源管理系统等。

6.2.4　强电和弱电施工注意事项

强电和弱电禁止共管共盒，否则会干扰弱电的信息传输，影响家中电视机、计算机、电话的使用，甚至还可能造成火灾。强电和弱电安全说明如图 6-2 所示。

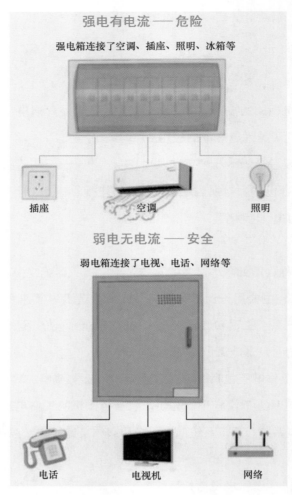

图 6-2　强电和弱电安全说明

强电和弱电施工中具体线路布置的注意事项如下。

1. 强电线和弱电线要分开

在装修中，电路布线改造不能把所有的线路都收纳到一起。国家标准规定强电和弱电要分开走线，禁止共管共盒，且强电和弱电之间线路的平行距离不得小于30cm。但是考虑到实际情况（有些现代公寓没有可以留出30cm以上线路平行距离的条件），一些装修公司至少会留出15cm的平行距离。这个距离足够保证不会出现强电干扰弱电的情况。

2. 不同的弱电线也要分开

不同的弱电线排布在一起也会造成信号干扰，为避免这种情况，电话线、网线、电视线等弱电线在线路作业时一定要分开穿管，不可共用同一根穿线管。

3. 布线在前，走线在后

无论是强电还是弱电，在布线施工时，工作人员都应遵循先安装管路再穿管线的规则，这样做是为了防止出现无法抽动导线的现象，方便以后换线维护。

4. 同一穿线管内线路不宜过多

在布设强电和弱电线路时，所需穿线管数应当根据导线数量的变化而变化，原则上一根穿线管中不能有超过 4 根导线，以免出现导线把管内空间塞满的情况。一般弯的穿线管的利用率在 40% ～ 50%，直线管的利用率在 50% ～ 60%。

5. 避免折断式直角弯

在施工走线中，如果遇到线路需要转弯的情况，工作人员应当避免折断式直角转弯，否则很可能会影响信号强度，且造成导线无法穿过穿线管。线路转弯最好采用大弯形式，并使用金属角来连接弯道处的导线。

6.2.5　常用电学计算公式

假设客户家中需要安装一台柜式空调，为了起到保护空调的作用，工程师一般会给它单独配置一个配电盒，盒中有一个空气开关，连着一根很粗的导线直到空调内部。那么用多粗的导线才能够支撑这样的空调运转呢？不同的线材，安全电流也不一样，电流过大会使导线温度变高，严重的可能会引发火灾。我们可以简单地按照以下比例进行换算：

1mm 直径的铜导线可通过的安全电流为 6 ～ 8A；

1mm 直径的铝导线可通过的安全电流为 3 ～ 5A。

以安装的这台柜式空调为例，如果它的安全工作电流为15A，采用铜导线连接的话，那么单根导线的直径要达到 1.9 ～ 2.5mm。

我们可以再做一个练习，测试一下掌握这个知识点的情况。

已知一个电器在 220V 电压下的功率是 1000W，那么它需要多粗的导线才能安全工作？

通常我们在市场上购买导线时，它的粗细程度是以平方数来计算的，平方数是指导线的横截面积，单位是平方毫米（mm^2）。

理想情况下导线的横截面是一个圆，横截面积也就是圆的面积，其计算公式如下。

$$S=\pi r^2 \text{ 或 } S=\pi \times (d/2)^2$$

6.2.6 直流电和交流电

1. 交流电

带有电荷的粒子在导线的回路中按照数值的大小和方向随时间做周期性交替变化，这种运动被称作电子的模拟量运动。电子的模拟量运动产生的电流是交流电（Alternating Current，AC）。

法拉第（1791年9月22日—1867年8月25日），英国物理学家、化学家，被称为"电学之父"和"交流电之父"。法拉第出生于英国一个贫苦的铁匠家庭，仅上过小学。1831年10月17日，法拉第首次发现电磁感应现象，并研究出产生交流电的方法。1831年10月28日，法拉第发明了圆盘发电机，这是人类创造出的第一个发电机。

特斯拉（1856年7月10日—1943年1月7日），塞尔维亚裔美籍发明家、物理学家、机械工程师、电气工程师。他被认为是电力商业化的重要推动者之一，并因主持设计了现代交流电系统而广为人知。在法拉第发现的电磁场理论的基础上，特斯拉在电磁场领域有着多项革命性发明，他的多项相关专利及电磁学的理论研究工作是现代无线通信和无线电发展的基石。

工业用电一般是380V三相电，接线方法是最上端为零线（N，蓝色）、右侧为火线（L1，黄色），下端为火线（L2，绿色），左侧为火线（L3，红色）。

家用交流电一般是220V单相电，在两孔插座中左侧为零线（N）、右侧为火线（L）。在三孔插座中的接线分布中上端为地线（PE），左侧为零线（N）、右侧为火线（L）。

家用交流电插座接线如图6-3所示。

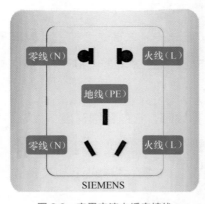

图6-3　家用交流电插座接线

2. 直流电

直流电（Direct Current，DC）是方向保持不变的电流。恒定电流是直流电的一种，是大小和方向都不变的直流电。

爱迪生是人类历史上第一个使用电气工程研究实验室，从事发明专利工作而对世界产生深远影响的人。他发明的留声机、活动电影摄影机、电灯对全世界都产生了极大的影响。爱迪生一生的发明共有 2000 多项，拥有专利达 1000 多项。

交流电的优点是容易变压，可以长距离传输且损耗比直流电少得多。但在交流电出现之前，爱迪生发明的直流电一直是美国的标准用电配置，而爱迪生解决传输问题的方法就是尽量让发电装置和用电设备的距离不要太远。

在直流电路中，电压高的一端为正极，电压低的一端为负极。导线中的电子从负极流向正极，电流方向为正极流向负极。直流电正极和负极示例如图 6-4 所示。

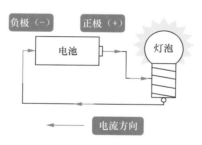

图 6-4　直流电正极和负极示例

3. 串联电路和并联电路

（1）串联电路

电路元件沿着单一路径首尾连接，每个节点最多只连接两个元件，采用此种连接方式的电路被称为串联电路。串联电路中流过每个电阻的电流相等。串联电路示例如图 6-5 所示。

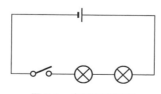

图 6-5　串联电路示例

串联电路的优点：在一个电路中，若想控制所有电路，则可使用串联电路。

串联电路的缺点：电路中只要有某一处断开，整个电路就成为断路，所串联的电子元件便不能正常工作。

串联电路优缺点示例如图 6-6 所示。

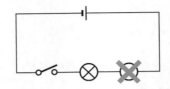

图 6-6　串联电路优缺点示例

（2）并联电路

并联是指将两个同类或不同类的元件、器件等首首相接，同时尾尾也相接的一种连接方式。采用此种连接方式的电路是并联电路。并联电路中每个并联电阻两端的电压相等。并联电路示例如图 6-7 所示。

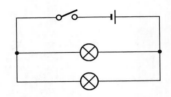

图 6-7　并联电路示例

并联电路的优点：用电元件之间互不影响。一条支路上的用电元件损坏，其他支路上的元件不受影响。

并联电路的缺点：并联电路各处电流加起来等于总电流，电路中电流消耗大。

并联电路优缺点示例如图 6-8 所示。

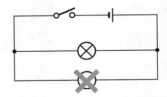

图 6-8　并联电路优缺点示例

（3）串联电路和并联电路的特点区别

串联分压：所有串联元件的两端电流相同，串联电路的总电压是所有负载的电压之和。

并联分流：所有并联元件的两端电压相同，并联电路的总电流是所有负载的电流之和。

串联电路和并联电路的区别示例如图 6-9 所示。

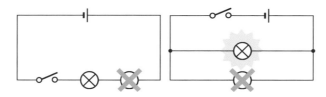

图 6-9 串联电路和并联电路的区别示例

串联电路：当电路中某一个元件（灯泡）发生故障无法导电，其他元件无法继续工作。

并联电路：当电路中某一个元件（灯泡）发生故障无法导电，其他元件可以继续工作。

6.2.7 强电布线的接线方法

在物联网场景部署工作中，我们会经常进行强电布线，布线除了需要深厚的理论基础之外，更需要熟练的操作技能。这不仅需要有标准和规范支撑，而且需要坚持不断地耐心练习。

1. 强电布线的几种接线方法

（1）分支线路接线方法

在强电布线中，分支线路接线要求主线不能被截断，我们只能破除主线的绝缘皮，将支线缠绕在主线上，缠绕圈数为 6 ～ 8 圈。

强电布线——分支线路接线方法如图 6-10 所示。

图 6-10 强电布线——分支线路接线方法

分支电路接线尽量使用压线帽，使用专用压线钳的合适槽口压紧压线帽。使用压线帽时，可以不缠绕绝缘胶带。

（2）外接插座接线方法

分支电路在外接插座时必须要使用压线帽。压线帽内有铜套，外层为绝缘皮，使用压线帽后可以不使用绝缘胶带。强电布线——外接插座接线方法如图6-11所示。

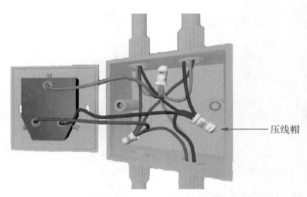

压线帽

图 6-11　强电布线——外接插座接线方法

（3）软线和软线对接方法

当软线和软线两两对接时，需要将软线铜芯散开，相互交叉后，再将铜芯拧在一起。当分支线路接线时，应当在破除主线绝缘皮后，将支路电线铜芯散开，与主线相交，分左右两边与主线拧在一起。强电布线——软线和软线对接方法如图6-12所示。

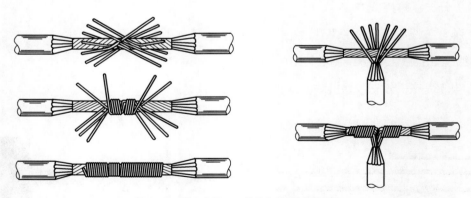

图 6-12　强电布线——软线和软线对接方法

（4）软线和硬线对接方法

当软线和硬线（布电线）对接时，硬线接头需要弯曲180°，并被用力压紧。强电布线——软线和硬线对接方法如图6-13所示。

图 6-13　强电布线——软线和硬线对接方法

（5）多根软线对接方法

当一个护套中有多根软线需要对接时，每根线的接线位置必须错开。强电布线——多根软线对接方法如图 6-14 所示。

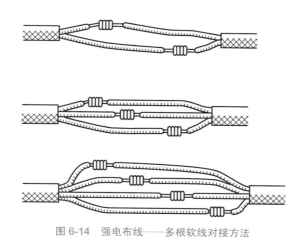

图 6-14　强电布线——多根软线对接方法

（6）接线涮锡方法

为了防止接线处松动、氧化，减少导线的发热和打火，我们应在接线处涮锡，但在使用压线帽接线时不需要涮锡。强电布线——接线涮锡方法如图 6-15 所示。

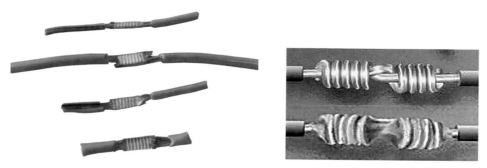

图 6-15　强电布线——接线涮锡方法

（7）接线端子和压线帽连接方法

接线更规范的方法是使用接线端子和压线帽连接线缆。强电布线——接线端子和压线帽连接方法如图 6-16 所示。

图 6-16　强电布线——接线端子和压线帽连接方法

（8）防火及绝缘胶带缠绕方法

所有接线处应先缠绕防火胶带，再缠绕绝缘胶带。防火胶带可以防止因电线打火烧坏外层绝缘胶带导致的漏电或火灾。强电布线——防火胶布缠绕方法如图 6-17 所示。强电布线——绝缘胶带缠绕方法如图 6-18 所示。

防火胶带

图 6-17　强电布线——防火胶布缠绕方法

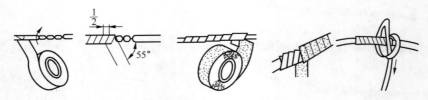

图 6-18　强电布线——绝缘胶带缠绕方法

2. 线缆和电工底盒

（1）线缆标识规则

线缆类别多种多样，为了方便记忆，下面列出它们的标识规则。

① 类别。

B 代表布电线（单芯硬线），ZR 代表阻燃，NH 代表耐火。

② 导体。

R 代表铜软线，T 代表铜导体，L 代表铝导体。

③ 绝缘层。

V 代表聚氯乙烯，Y 代表聚乙烯。

④ 护套。

V 代表聚氯乙烯，Y 代表聚乙烯。

⑤ 屏蔽和其他特点。

S 代表双绞型线缆，P 代表屏蔽型线缆。

⑥ 数字。

数字第一位代表导线数量，第二位代表单根导线直径。

⑦ 其他线缆。

◎ CAT 代表双绞型线缆类别，常用超五类、六类、超六类、七类。

◎ 同轴电缆用于传输视频信号，例如，闭路电视（闭路电视也包括闭路监控等）。

◎ 光纤作为一种高速传输介质，一般用于主干路的数据传输。

我们以某铜软线线缆的标识为样例 1。线缆标识样例 1 如图 6-19 所示。

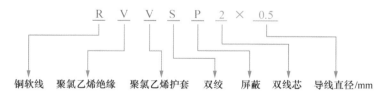

图 6-19　线缆标识样例 1

根据图 6-19 所示的标识我们可以解读出，这是铜导体聚氯乙烯绝缘和聚氯乙烯护套双绞型屏蔽软线，双线芯，每根导线直径为 0.5mm。

一般在书写线缆标识时，需要从左向右进行书写，铜导体线缆可不标明 T，但铝导体线缆必须标明 L。

线缆标识样例 2 如图 6-20 所示。

根据图 6-20 所示的标识我们可以解读出，这是铜导体聚氯乙烯绝缘和聚氯乙烯护套布电线，双线芯，每根导线直径为 0.5mm。

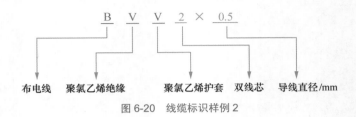

图 6-20　线缆标识样例 2

（2）如何区分不同的线缆

① 通过线缆标识进行区分。

一般线缆上每隔 1m 左右会印刷一个标识。

② 通过线缆外观进行区分。

◎ 通过目视线芯和弯折导线区分硬线和软线（B 和 R）。

◎ 通过目视区分线缆材质（铜和铝）。

◎ 通过游标卡尺测量线缆直径。

硬线外观如图 6-21 所示。软线外观如图 6-22 所示。

图 6-21　硬线外观

图 6-22　软线外观

（3）底盒型号尺寸

市场上常见的电工底盒型号有 86 型、146 型、120 型和 118 型等。

① 86 型电工底盒（主流）正面尺寸为 86mm×86mm。86 型电工底盒如图 6-23 所示。

② 146 型电工底盒正面尺寸为 146mm×86mm。146 型电工底盒如图 6-24 所示。

③ 120 型电工底盒源于日本，正面尺寸为 120mm×74mm，是呈竖直状的长方形。

图 6-23　86 型电工底盒

图 6-24　146 型电工底盒

118 型电工底盒呈水平状的长方形，主要有以下几种类型。

a. 小号暗盒（一二位）

外形尺寸：宽 10cm，高 6.2cm，深 5cm。

安装孔距：83.3 ～ 87.9mm。

b. 小号暗盒（三位）

外形尺寸：宽 13.6cm，高 6.2cm，深 5cm。

安装孔距：119.3 ～ 123.9mm。

c. 小号暗盒（四位）

外形尺寸：宽 17.8cm，高 6.2cm，深 5cm。

安装孔距：160.8 ～ 165.4mm。

6.3　工具的使用

 ## 6.3.1　万用表

1. 认识万用表

万用表又称复用表、多用表、三用表、繁用表等，是电力、电子等行业不可缺少的测量仪表，一般以测量电压、电流和电阻为主要目的。万用表按显示方式可分为指针万用表和数字万用表。万用表是一种多功能、多量程的测量仪表，一般万用表可测量直流电流、直流电压、交流电流、交流电压、电阻和音频电平等，有的还可以测量电容量、电感量，以及半导体的一些参数。万用表功能展示如图 6–25 所示。

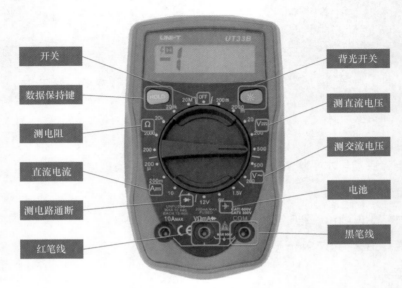

图 6-25　万用表功能展示

2. 使用万用表的注意事项

使用万用表的注意事项如图 6–26 所示。

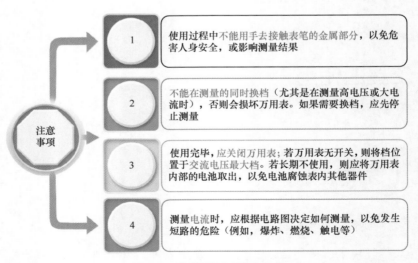

图 6-26　使用万用表的注意事项

6.3.2　接地电阻测试仪

1. 认识接地电阻测试仪

接地电阻测试仪是一种专门用于直接测量各种接地装置的接地电阻值的仪表。接地电阻测试仪的优势是测量范围广、分辨率高，量程为 0.01 ～ 1000Ω，分辨率为 0.01Ω，它能准确测量 0.7Ω 以下的接地电阻。近年来，计算机技术飞速发展，使得接地电阻测试仪也加入了大量的微处理器技术。接地电阻测试仪适用于测量各种电机、电器、仪器仪表、家用电器等设备外壳与其电源接地之间的电阻值。当被测值超过设定值时，接地电阻测试仪会开启声光报警功能，以及过电流（AC ＞ 30A）保护功能。接地电阻测试仪如图 6-27 所示。

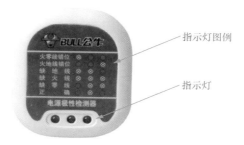

图 6-27　接地电阻测试仪

2. 接地电阻测试仪的使用

接地电阻测试仪的使用方法和适用环境注意事项有以下两点。

① 在使用接地电阻测试仪时，应根据指示灯和图例判断用电环境。

② 接地电阻测试仪只能在插座面板上使用，严禁在未安装插座面板时使用。

6.3.3　网线钳

1. 认识网线钳

网线钳是用来卡住刺刀螺母连接器（Bayonet Nut Connector，BNC）的外套与基座的，它有一个用于压线的六角缺口，通常这种网线钳也同时具有剥线、剪线功能。三用网线钳功能多，结实耐用，是现代家庭的常备工具之一。它还能集成网线钳的所有功能，制作 RJ45 网络线接头、RJ11 电话线接头、4P 电话线接头，使切断、压线、剥线等操作变得简单。它由铁制而成，经硬化及染黑处理，体型轻巧且坚固，是安装网线和制作优质网线必备的工具。网线钳如图 6-28 所示。

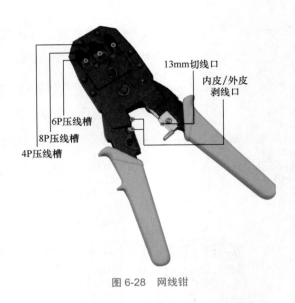

图 6-28　网线钳

2. 制作网线

制作网线要求遵循标准的网线线序，即 568A 或 568B 标准。

568A 标准：绿白 –1，绿 –2，橙白 –3，蓝 –4，蓝白 –5，橙 –6，棕白 –7，棕 –8。

568B 标准：橙白 –1，橙 –2，绿白 –3，蓝 –4，蓝白 –5，绿 –6，棕白 –7，棕 –8。

现在的设备均支持接口反转功能，因此使用 568B 标准制作网线即可。568A 和 568B 标准线序示意如图 6-29 所示。

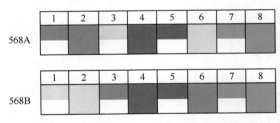

图 6-29　568A 和 568B 标准线序示意

6.3.4　网络测线仪

网络测线仪通常也称专业网络测试仪或网络检测仪。它是一种用来测试一个网线两端所接水晶头线序是否正确的工具，它可以帮助检测网络的连通性。网络测线仪可以对双绞线的八根芯线逐根进行测试，判断出每根芯线是处于正常连通状态、短路状态还是断路状态。网络测线仪如图 6–30 所示。

图 6-30　网络测线仪

6.3.5　手电钻

1.认识手电钻

1895 年，德国泛音公司生产出世界上第一台直流手电钻。其外壳用铸铁制成，能在钢板上钻出直径为 4mm 的孔。手电钻是一种携带方便的小型钻孔用工具，由小电动机、控制开关、钻夹头和钻头组成。手电钻被广泛应用于建筑、装修、泛家具等行业，可在物件上开孔或洞穿物体。手电钻如图 6–31 所示。

图 6-31　手电钻

2. 使用手电钻的注意事项

手电钻是有一定危险性的工具，为了避免发生危险，使用手电钻时，需要注意以下几点。

① 使用前检查电源线有无破损。

② 使用前确认手电钻开关处于关闭状态。

③ 使用前应先将手电钻空转 0.5 ～ 1min，保证其转动正常。

④ 打孔时要双手紧握手电钻。

⑤ 清理钻头废屑、换钻头时必须断开电源。

⑥ 作业过程中佩戴护目镜，以防废屑弹入眼中；严禁戴编织类手套作业。

⑦ 作业完毕后，先关上电源，等钻头完全停止后，才能把工件拿走。

⑧ 在加工完工件后，手不能立刻接触钻头，以免钻头过热灼伤皮肤。

⑨ 不使用手电钻时应及时拔掉电源插头。

6.3.6 冲击钻

1. 认识冲击钻

根据不同的冲击部件，冲击钻分为冲击钻和电锤两类。一般情况下，电锤的冲击效果比冲击钻强，但是大部分电锤没有平钻功能，而冲击钻一般具有平钻和冲击两种功能，我们可以把电锤视作大功率的冲击钻。

冲击钻依靠旋转和冲击来工作，利用内轴上的齿轮相互跳动来达成冲击效果。单一的冲击是非常轻微的，但每分钟 40000 多次的冲击频率可以产生连续的力，作用于天然的石头或混凝土。冲击钻的钻头夹头处有调节旋钮，可将冲击钻调节成普通手电钻和冲击钻两种模式。手持冲击钻如图 6-32 所示。

图 6-32 手持冲击钻

2. 使用冲击钻的注意事项

使用冲击钻时，需要注意以下几点。

① 确认冲击钻的使用电压为 220V。

② 使用前检查电源线有无破损。

③ 使用与冲击钻钻体适配的标准钻头。

④ 冲击钻的电源插座应配备漏电保护装置。

⑤ 使用专用工具给冲击钻更换钻头。

⑥ 作业过程中佩戴口罩、护目镜；严禁戴编织类手套作业。

 ### 6.3.7　角磨机

1. 认识角磨机

角磨机又称研磨机或盘磨机，是一种被用于玻璃钢切削和打磨的手提式电动工具，也可用于切割、研磨及刷磨金属与石材等。角磨机如图 6-33 所示。

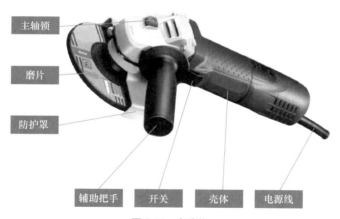

主轴锁　磨片　防护罩　辅助把手　开关　壳体　电源线

图 6-33　角磨机

2. 使用角磨机的注意事项

使用角磨机时，需要注意以下几点。

① 检查防护罩是否安装牢固，其开口位置应朝下。

② 在断电状态下检查角磨机砂轮片是否安装牢固。

③ 作业过程中，双手抓稳角磨机，正确佩戴护目镜；严禁戴编织类手套作业。

④ 使用后应先关闭角磨机开关，再拔下插座电源。

⑤ 在断电状态下使用专用工具更换砂轮片，以免发生危险。

6.3.8　其他常用工具

在日常工作中，还有一些常用工具，例如，螺丝刀、美工刀、剥线钳、胶枪、游标卡尺等，在本节就不逐一详述其使用方法和注意事项了。这些工具相对更常见一些，使用方法也较为简单。其他常用工具如图 6-34 所示。

| 螺丝刀 | 美工刀 | 剥线钳 | 胶枪 | 游标卡尺 |

图 6-34　其他常用工具

6.4　实施前的技术规范

在物联网场景部署工作的全部过程中，实施前的工作包括相关准备工作和检查工作，具体有准备资料、准备设备、检查用电环境、检查预埋线材和电工底盒、检查设备、保护施工环境、禁止带电操作。请大家注意每项工作之间的结构逻辑。

1. 准备资料

资料包括设备资料、施工图纸、工具和耗材 4 个部分。

其中，设备资料包括设备的安装方法、设备的调试方法、产品说明书等。

施工图纸包括图例、目录、设备点位图、综合布线图、单体设备布线图等。

工具包括螺丝刀、美工刀、剥线钳、绝缘手套、手电钻、冲击钻、角磨机、切割机、胶枪、万用表、接地电阻测试仪、网线钳、网络寻线仪、网络测线仪、打线器等。根据现场的施工环境和施工设备的不同，工具准备会有所差别。但为以防万一，一般有经验的施工人员会预先准备好自己的专属工具箱，将常用的工具整理到工具箱中，这样既方便管理和维修工具，也避免了可能因遗漏某件工具导致现场施工进度受到影响。

耗材包括线缆、理线管、压线帽、电工底盒、螺丝、绝缘胶带、网络水晶头、网络模块等。同理，我们也需要根据不同的部署方案，微调需要准备的耗材内容。

2. 准备设备

设备清单需要根据设计图纸统计得出，一定要准备齐全，避免来回折返耽误时间。

施工人员需要在此阶段对设备平面点位图进行读图操作，并统计出设备清单。设备平面点位图示例如图 6-35 所示。

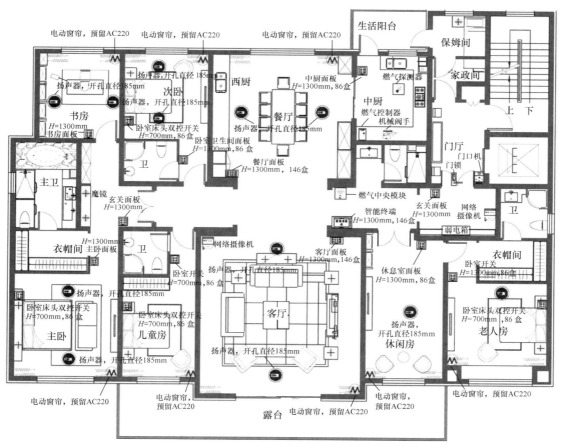

图 6-35 设备平面点位图示例

3. 检查用电环境

检查用电环境一般需要注意以下 6 个事项。

（1）断电再操作

任何电器设备和线缆，在没有验电确认的情况下，一律被视为有电。施工人员在动手操作之前，必须使用万用表、试电笔等工具确认设备或电缆处于断电状态。

（2）拉闸停电示警

如果需要拉闸停电，那么在拉闸停电前必须通知所有的现场施工人员，拉闸后必须在电闸位置设置明显的警示标识，并由专人在电闸处值守，以防其他人误合闸。

在合闸送电之前，务必通知所有的现场施工人员，在确保人员安全的前提下合闸送电。

拆除电器或线路后，必须及时用绝缘胶带包扎好可能有电的线头。

（3）按手册要求安装

每个组件、部件的物理安装应严格按照安装指导手册或说明书实施。

完成连线后，施工人员务必对照安装指导手册以及施工图检查，确保无误。严禁将强电、弱电线路混接。

（4）严禁裸露导线

严禁任何强电、弱电线缆的金属部分裸露在外，若有裸露的金属部分，则必须对其做绝缘处理。

拆除电器或线路后，必须及时用绝缘胶带包扎好可能漏电的线头。

（5）走线、接线的注意事项

严禁将弱电线缆，例如，电话线、网线等使用在强电线路上。

严禁在同一根穿线管内布设强电和弱电线缆，例如，对于RS232接口、RS485接口，线缆必须单独附设穿线管。

（6）使用万用表和测电笔测量市电电压

我们前面曾介绍过交流电的有关知识，市电的电压在火线与零线之间为220V±10%（198～242V），在火线与接地线之间为220V±10%（198～242V），在零线与接地线之间为0～5V（不可为0V）。

在施工现场，施工人员通常采用万用表和测电笔测量市电电压。电压范围根据测量结果得到。万用表测量市电电压如图6-36所示。

施工人员通常使用测电笔测量火线、零线、地线是否带电。在有电的情况下，火线感应端应亮灯，零线和地线不亮灯。测电笔测量火线如图6-37所示。

4. 检查预埋线材和电工底盒

如果是第三方施工单位布线，那么我们需要结合图纸中的综合布线图和单体设备布线图对布线情况进行检查，发现不符合要求的及时反馈给设计人员，由设计人员、施工单位、客户三方重新确定设计方案，设计方案的改动应当慎重。

图 6-36　万用表测量市电电压

图 6-37　测电笔测量火线

5. 检查设备

在物联网场景部署工作实施前，我们还需要检查设备外观是否完好，包装内的附件是否齐全。

6. 保护施工环境

进入施工现场之前，要对客户的现场环境做相应的保护措施。

① 若客户已经粉刷完墙体，则使用墙体贴纸等保护材料保护墙体。

② 若客户已经铺设完地面，则使用垫布等地面保护材料保护地面。

③ 若毛坯房未装修，则不需要对其进行保护。

7. 禁止带电操作

施工现场的强电和弱电相关操作都禁止带电。在大型施工现场还需要设置相关的警示牌。

① 若是强电操作，则必须拉闸断电，并放置警示牌，安排专人看管。

② 若是弱电操作，则保证设备正常关机，切断电源。

强电警示牌如图 6-38 所示。

图 6-38　强电警示牌

6.5 实施中的技术规范

在物联网场景部署工作的全部过程中，实施中的技术规范包括设备摆放、接线标准、设备安装、设备调试。

1. 设备摆放

在实施准备工作完毕以后，我们要开始安装。有句话叫"细节决定成败"，我们在实施过程中也应遵循同样的道理。我们先从最简单的设备摆放做起。在垫布上依次整齐摆放设备或部件、耗材等。对于无法放置在垫布上的设备，我们应做好保护措施，将其整齐放置于垫布旁。

2. 接线标准

关于强电和弱电的接线方法，我们在前面的强电和弱电的基础知识章节中已经介绍过了，在此不再赘述。

3. 设备安装

设备安装包括 3 个部分：面板安装、壁挂类设备安装、吊顶类设备安装。

（1）面板安装

面板安装要到位。面板安装步骤如图 6-39 所示。

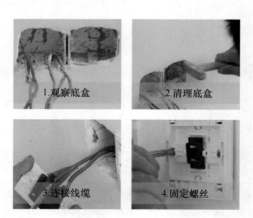

图 6-39　面板安装步骤

面板安装要求有以下 3 点。

① 开关面板距离地面的高度为 130cm。

② 成排安装的开关高度应一致，高低差不大于 2mm，拉线开关相邻间距一般不小于 20mm。

③ 特别潮湿、有易燃易爆气体及粉尘的场所不应装配任何插座，大功率电器应使用独立插座。

（2）壁挂类设备安装

壁挂类设备安装需要注意以下 5 点。

① 使用水平尺预先进行测量标记。

② 使用铅笔标记安装孔位，若安装需要用到衬板或图纸，则应将其粘贴在墙上。

③ 使用手电钻或冲击钻时，应按照预先标记的孔位或按照衬板指示的位置钻孔。

④ 将膨胀螺丝的胀管嵌入墙体。

⑤ 使用膨胀螺丝固定设备底座，或将膨胀螺丝固定至合适的位置。

（3）吊顶类设备安装

吊顶类设备安装需要注意以下 3 点。

① 使用水平尺测量，不允许设备安装倾斜。

② 紧固固定螺栓，不允许其松动。

③ 吊顶类设备应紧贴墙顶，无外力作用下不可晃动。

4. 设备调试

配置设备点位表需要结合现场的实际情况。施工过程务必严格按照此点位表调试设备，最后使用项目实施的标准作业程序（Standard Operating Procedure，SOP）文档中对应的清单逐一检查比对。设备点位表的具体内容会根据部署方案而有所不同，这里就不具体列举了。

6.6　实施后的技术规范

在物联网场景部署工作的全部过程中，实施后的技术规范包括检查墙体地面、检查设备、全面清洁。

1. 检查墙体地面

若已粉刷过的墙面或已铺设好的地板产生污损，则施工人员需要帮助客户修复或请专业人士修复。

2. 检查设备

检查设备外观：施工人员检查设备外观是否正常，并请客户亲自检查确认。

检查设备部件工作状态：施工人员检查设备部件工作是否正常，并请客户亲自检查确认。

3. 全面清洁

完成施工后，施工人员要打扫施工现场并对现场做全面的清洁工作，需要使用干净的清洁用品来清洁设备，并将施工产生的垃圾打包带走。

我们整体学习了在物联网场景的设计与开发中，涉及现场部署实施工作需要掌握的技术规范。学习并正确使用技术规范会给客户带来极致的服务体验，突显公司实力，并且体现出施工人员的专业性。

本章小结

① 强电和弱电相关的基础知识。36V以下的电压被称为安全电压，3kV以下的电压被称为低压，3kV以上的电压被称为高压。

② 物联网场景部署常用工具及其使用过程中的注意事项。

③ 物联网场景部署工作实施前的技术规范包括相关准备工作和检查工作。具体为准备资料、准备设备、检查用电环境、检查预埋线材和电工底盒、检查设备、保护施工环境、禁止带电操作。

④ 物联网场景部署工作实施中的技术规范包括设备摆放、接线标准、设备安装、设备调试。

⑤ 物联网场景的部署工作实施后的技术规范包括检查墙体地面、检查设备、全面清洁。

习题

① 串联电路和并联电路的优势和劣势分别有哪些？

② 在使用万用表的过程中，需要注意哪些要点？在使用网络测线仪的过程中，需要注意哪些要点？

③ 568B线序的标准是什么？

④ 简述物联网场景的部署工作实施后的3个技术规范。